Hermann von Helmholtz, Albert Wangerin

Zwei hydrodynamische Abhandlungen

I. Über Wirbelbewegungen, II. Über diskontinuierliche Flüssigkeitsbewegungen

Hermann von Helmholtz, Albert Wangerin

Zwei hydrodynamische Abhandlungen
I. Über Wirbelbewegungen, II. Über diskontinuierliche Flüssigkeitsbewegungen

ISBN/EAN: 9783743342842

Hergestellt in Europa, USA, Kanada, Australien, Japan

Cover: Foto ©berggeist007 / pixelio.de

Manufactured and distributed by brebook publishing software
(www.brebook.com)

Hermann von Helmholtz, Albert Wangerin

Zwei hydrodynamische Abhandlungen

Zwei
HYDRODYNAMISCHE ABHANDLUNGEN

von

H. v. HELMHOLTZ

I. Ueber Wirbelbewegungen (1858).
II. Ueber discontinuirliche Flüssigkeitsbewegungen (1868).

Herausgegeben

von

A. Wangerin.

LEIPZIG
VERLAG VON WILHELM ENGELMANN
1896.

I.

Ueber Integrale der hydrodynamischen Gleichungen, welche den Wirbelbewegungen entsprechen.

Von

H. Helmholtz.

(*Crelle-Borchardt*, Journal für die reine und angewandte Mathematik, Bd. LV, S. 25—55. Berlin 1858.)

Es sind bisher Integrale der hydrodynamischen Gleichungen fast nur unter der Voraussetzung gesucht worden, dass die rechtwinkligen Componenten der Geschwindigkeit jedes Wassertheilchens gleich gesetzt werden können den nach den entsprechenden Richtungen genommenen Differentialquotienten einer bestimmten Function, welche wir das Geschwindigkeitspotential nennen wollen[1]. Allerdings hat schon *Lagrange*[*]) nachgewiesen, dass diese Voraussetzung zulässig ist, so oft die Bewegung der Wassermasse unter dem Einflusse von Kräften entstanden ist und fortgesetzt wird, welche selbst als Differentialquotienten eines Kräftepotentials dargestellt werden können, und dass auch der Einfluss bewegter fester Körper, welche mit der Flüssigkeit in Berührung kommen, die Gültigkeit jener Voraussetzung nicht abändert. Da nun die meisten mathematisch gut definirbaren Naturkräfte als die Differentialquotienten eines Kräftepotentials dargestellt werden können, so fallen auch bei weitem die meisten mathematisch zu behandelnden Fälle von Flüssigkeitsbewegung in die Zahl derer, bei denen ein Geschwindigkeitspotential existirt.

Indessen hat schon *Euler*[**]) darauf aufmerksam gemacht, dass es doch auch Fälle von Flüssigkeitsbewegung giebt, in denen kein Geschwindigkeitspotential existirt, z. B. die Drehung

---

[*]) Mécanique analytique. Paris 1815. T. II, p. 304.
[**]) Histoire de l'Acad. des Sciences de Berlin. An. 1755, p. 292.

einer Flüssigkeit um eine Axe mit gleicher Winkelgeschwindigkeit aller Theilchen. Zu den Kräften, welche solche Arten von Bewegungen hervorbringen können, gehören magnetische Kräfte, welche auf eine von elektrischen Strömen durchlaufene Flüssigkeit wirken, und namentlich die Reibung der Flüssigkeitstheilchen an einander und an festen Körpern. Der Einfluss der Reibung auf Flüssigkeiten konnte bisher noch nicht mathematisch definirt werden[2]), und doch ist derselbe in allen Fällen, wo es sich nicht um unendlich kleine Schwingungen handelt, sehr gross und bringt [26] die bedeutendsten Abweichungen zwischen der Theorie und der Wirklichkeit hervor. Die Schwierigkeit, diesen Einfluss zu definiren und Methoden zu seiner Messung zu finden, beruhte zum grossen Theile auch wohl darin, dass man keine Anschauung von den Formen der Bewegung hatte, welche die Reibung in der Flüssigkeit hervorbringt. In dieser Beziehung schien mir daher eine Untersuchung der Bewegungsformen, bei denen kein Geschwindigkeitspotential existirt, von Wichtigkeit zu sein.

Die folgende Untersuchung wird nun lehren, dass in den Fällen, wo ein Geschwindigkeitspotential existirt, die kleinsten Wassertheilchen keine Rotationsbewegungen haben, wohl aber ist wenigstens ein Theil der Wassertheilchen in Rotation begriffen in solchen Fällen, wo kein Geschwindigkeitspotential existirt.

Wirbellinien nenne ich Linien, welche durch die Flüssigkeitsmasse so gezogen sind, dass ihre Richtung überall mit der Richtung der augenblicklichen Rotationsaxe der in ihnen liegenden Wassertheilchen zusammentrifft.

Wirbelfäden nenne ich Theile der Wassermasse, welche man dadurch aus ihr herausschneidet, dass man durch alle Punkte des Umfangs eines unendlich kleinen Flächenelements die entsprechenden Wirbellinien construirt.

Die Untersuchung ergiebt nun, dass, wenn für alle Kräfte, welche auf die Flüssigkeit wirken, ein Kräftepotential existirt,
1) kein Wassertheilchen in Rotation kommt, welches nicht von Anfang an in Rotation begriffen ist;
2) die Wassertheilchen, welche zu irgend einer Zeit derselben Wirbellinie angehören, auch indem sie sich fortbewegen, immer zu derselben Wirbellinie gehörig bleiben;
3) dass das Product aus dem Querschnitte und der Rotationsgeschwindigkeit eines unendlich dünnen Wirbelfadens längs der ganzen Länge des Fadens constant ist und

auch bei der Fortbewegung des Fadens denselben Werth behält. Die Wirbelfäden müssen deshalb innerhalb der Flüssigkeit in sich zurücklaufen, oder können nur an ihren Grenzen endigen.

Dieser letztere Satz macht es möglich, die Rotationsgeschwindigkeiten zu bestimmen, wenn die Form der betreffenden Wirbelfäden zu verschiedenen Zeiten gegeben ist. Ferner wird die Aufgabe gelöst, die Geschwindigkeiten der Wassertheilchen für einen gewissen Zeitpunkt zu bestimmen, wenn für diesen Zeitpunkt die Rotationsgeschwindigkeiten gegeben sind; nur bleibt dabei [27] eine willkürliche Function unbestimmt, welche zur Erfüllung der Grenzbedingungen verwendet werden muss.

Diese letztere Aufgabe führt zu einer merkwürdigen Analogie der Wirbelbewegungen des Wassers mit den elektromagnetischen Wirkungen elektrischer Ströme. Wenn nämlich in einem einfach zusammenhängenden*), mit bewegter Flüssigkeit gefüllten Raume ein Geschwindigkeitspotential existirt, sind die Geschwindigkeiten der Wassertheilchen gleich und gleichgerichtet den Kräften, welche eine gewisse Vertheilung magnetischer Massen an der Oberfläche des Raumes auf ein magnetisches Theilchen im Innern ausüben würde. Wenn dagegen in einem solchen Raume Wirbelfäden existiren, so sind die Geschwindigkeiten der Wassertheilchen gleich zu setzen den auf ein magnetisches Theilchen ausgeübten Kräften geschlossener elektrischer Ströme, welche theils durch die Wirbelfäden im Innern der Masse, theils in ihrer Oberfläche fliessen, und deren Intensität dem Product aus dem Querschnitt der Wirbelfäden und ihrer Rotationsgeschwindigkeit proportional ist.

Ich werde mir deshalb im Folgenden öfter erlauben, die Anwesenheit von magnetischen Massen oder elektrischen Strömen zu fingiren, bloss um dadurch für die Natur von Functionen einen kürzeren und anschaulicheren Ausdruck zu

---

*) Ich nehme diesen Ausdruck in demselben Sinne, in welchem *Riemann* (Crelle's Journal Bd. LIV, S. 108) von einfach und mehrfach zusammenhängenden Flächen spricht. Ein n-fach zusammenhängender Raum ist danach ein solcher, durch den $n-1$, aber nicht mehrere Schnittflächen gelegt werden können, ohne den Raum in zwei vollständig getrennte Theile zu trennen. Ein Ring ist also in diesem Sinne ein zweifach zusammenhängender Raum. Die Schnittflächen müssen ringsum durch die Linie, in der sie die Oberfläche des Raumes schneiden, vollständig begrenzt sein.

gewinnen, die eben solche Functionen der Coordinaten sind, wie die Potentialfunctionen oder Anziehungskräfte, welche jenen Massen oder Strömen für ein magnetisches Theilchen zukommen.

Durch diese Sätze wird die Reihe der Bewegungsformen, welche in der nicht behandelten Klasse der Integrale der hydrodynamischen Gleichungen verborgen sind, wenigstens für die Vorstellung zugänglich, wenn auch die vollständige Ausführung der Integration nur in wenigen einfachsten Fällen möglich ist, wo nur ein oder zwei geradlinige oder kreisförmige Wirbelfäden vorhanden sind in unbegrenzten oder durch eine unendliche Ebene theilweis begrenzten Wassermassen.

Es lässt sich nachweisen, dass geradlinige parallele Wirbelfäden in einer Wassermasse, die nur durch senkrecht gegen die Fäden gestellte Ebenen begrenzt [28] ist, um ihren gemeinschaftlichen Schwerpunkt rotiren, wenn man zur Bestimmung dieses Punktes die Rotationsgeschwindigkeit gleich der Dichtigkeit einer Masse betrachtet. Die Lage des Schwerpunktes bleibt unverändert. Bei kreisförmigen Wirbelfäden dagegen, die alle auf einer gemeinsamen Axe senkrecht stehen, bewegt sich der Schwerpunkt ihres Querschnittes parallel der Axe fort.

§ 1.
Definition der Rotation.

Es sei innerhalb einer tropfbaren Flüssigkeit in dem Punkte, der durch die rechtwinkligen Coordinaten x, y, z bestimmt ist, zur Zeit t der Druck gleich p, die den drei Coordinataxen parallelen Componenten der Geschwindigkeit u, v, w, die Componenten der auf die Einheit der flüssigen Masse wirkenden äusseren Kräfte X, Y und Z, und die Dichtigkeit, deren Aenderungen als verschwindend klein angesehen werden, gleich h, so sind die bekannten Bewegungsgleichungen[3] für die inneren Punkte der Flüssigkeit:

$$(1) \begin{cases} X - \dfrac{1}{h} \cdot \dfrac{dp}{dx} = \dfrac{du}{dt} + u\dfrac{du}{dx} + v\dfrac{du}{dy} + w\dfrac{du}{dz}, \\ Y - \dfrac{1}{h} \cdot \dfrac{dp}{dy} = \dfrac{dv}{dt} + u\dfrac{dv}{dx} + v\dfrac{dv}{dy} + w\dfrac{dv}{dz}, \\ Z - \dfrac{1}{h} \cdot \dfrac{dp}{dz} = \dfrac{dw}{dt} + u\dfrac{dw}{dx} + v\dfrac{dw}{dy} + w\dfrac{dw}{dz}, \\ 0 = \dfrac{du}{dx} + \dfrac{dv}{dy} + \dfrac{dw}{dz}. \end{cases}$$

Man hat bisher fast ausschliesslich nur solche Fälle behandelt, wo nicht nur die Kräfte X, Y und Z ein Potential V haben, also auf die Form gebracht werden können:

(1 a) $$X = \frac{dV}{dx}, \quad Y = \frac{dV}{dy}, \quad Z = \frac{dV}{dz},$$

sondern auch ausserdem ein Geschwindigkeitspotential[1]) φ gefunden werden kann, so dass

(1 b) $$u = \frac{d\varphi}{dx}, \quad v = \frac{d\varphi}{dy}, \quad w = \frac{d\varphi}{dz}.$$

Dadurch vereinfacht sich die Aufgabe ausserordentlich, indem die drei ersten der Gleichungen (1) eine gemeinsame Integralgleichung geben, aus der p zu finden ist, nachdem man φ der vierten Gleichung gemäss bestimmt hat, welche in diesem Falle die Gestalt annimmt:

$$\frac{d^2\varphi}{dx^2} + \frac{d^2\varphi}{dy^2} + \frac{d^2\varphi}{dz^2} = 0,$$

[29] also mit der bekannten Differentialgleichung für das Potential magnetischer Massen übereinstimmt, welche ausserhalb des Raumes liegen, für den diese Gleichung gelten soll. Auch ist bekannt, dass jede Function φ, welche die obige Differentialgleichung innerhalb eines einfach zusammenhängenden*) Raumes erfüllt, als das Potential einer bestimmten Vertheilung magnetischer Massen an der Oberfläche des Raumes ausgedrückt werden kann, wie ich schon in der Einleitung angeführt habe.

Damit die in der Gleichung (1 b) verlangte Substitution gemacht werden könne, muss sein

(1 c) $$\frac{du}{dy} - \frac{dv}{dx} = 0, \quad \frac{dv}{dz} - \frac{dw}{dy} = 0, \quad \frac{dw}{dx} - \frac{du}{dz} = 0.$$

---

*) In mehrfach zusammenhängenden Räumen kann φ mehrdeutig werden, und für mehrdeutige Functionen, die der obigen Differentialgleichung Genüge thun, gilt der Fundamentalsatz von *Green's* Theorie der Elektricität (Crelle's Journal Bd. XLIV, S. 360) nicht und demgemäss auch ein grosser Theil der aus ihm herfliessenden Sätze nicht, welche *Gauss* und *Green* für die magnetischen Potentialfunctionen aufgestellt haben, die ihrer Natur nach immer eindeutig sind[4]).

Um die mechanische Bedeutung dieser letzteren drei Bedingungen zu verstehen, können wir uns die Veränderung, welche irgend ein unendlich kleines Wasservolum in dem Zeittheilchen dt erleidet, zusammengesetzt denken aus drei verschiedenen Bewegungen: 1) einer Fortführung des Wassertheilchens durch den Raum hin, 2) einer Ausdehnung oder Zusammenziehung des Theilchens nach drei Hauptdilatationsrichtungen, wobei ein jedes aus Wasser gebildete rechtwinkelige Parallelepipedon, dessen Seiten den Hauptdilatationsrichtungen parallel sind, rechtwinklig bleibt, während seine Seiten zwar ihre Länge ändern, aber ihren früheren Richtungen parallel bleiben, 3) einer Drehung um eine beliebig gerichtete temporäre Rotationsaxe, welche Drehung nach einem bekannten Satze immer als Resultante dreier Drehungen um die Coordinataxen angesehen werden kann [5]).

Sind in dem Punkte, dessen Coordinaten $\mathfrak{x}$, $\mathfrak{y}$ und $\mathfrak{z}$ sind, die unter (1 c) aufgestellten Bedingungen erfüllt, so wollen wir die Werthe von u, v, w und ihren Differentialquotienten in jenem Punkte folgendermaassen bezeichnen:

$$u = A, \quad \frac{du}{dx} = a, \quad \frac{dw}{dy} = \frac{dv}{dz} = \alpha,$$

$$v = B, \quad \frac{dv}{dy} = b, \quad \frac{du}{dz} = \frac{dw}{dx} = \beta,$$

$$w = C, \quad \frac{dw}{dz} = c, \quad \frac{dv}{dx} = \frac{du}{dy} = \gamma,$$

[30] und erhalten dann für Punkte, deren Coordinaten x, y, z unendlich wenig von $\mathfrak{x}$, $\mathfrak{y}$ und $\mathfrak{z}$ verschieden sind:

$$u = A + a(x - \mathfrak{x}) + \gamma(y - \mathfrak{y}) + \beta(z - \mathfrak{z}),$$
$$v = B + \gamma(x - \mathfrak{x}) + b(y - \mathfrak{y}) + \alpha(z - \mathfrak{z}),$$
$$w = C + \beta(x - \mathfrak{x}) + \alpha(y - \mathfrak{y}) + c(z - \mathfrak{z}),$$

oder wenn wir setzen

$$\varphi = A(x - \mathfrak{x}) + B(y - \mathfrak{y}) + C(z - \mathfrak{z})$$
$$+ \tfrac{1}{2} a(x - \mathfrak{x})^2 + \tfrac{1}{2} b(y - \mathfrak{y})^2 + \tfrac{1}{2} c(z - \mathfrak{z})^2$$
$$+ \alpha(y - \mathfrak{y})(z - \mathfrak{z}) + \beta(x - \mathfrak{x})(z - \mathfrak{z}) + \gamma(x - \mathfrak{x})(y - \mathfrak{y}),$$

so ist

$$u = \frac{d\varphi}{dx}, \quad v = \frac{d\varphi}{dy}, \quad w = \frac{d\varphi}{dz}.$$

Es ist bekannt, dass man durch eine geeignete Wahl anders gerichteter rechtwinkliger Coordinaten x_1, y_1, z_1, deren Mittelpunkt im Punkte $\mathfrak{x}$, $\mathfrak{y}$, $\mathfrak{z}$ liegt, den Ausdruck für φ auf die Form bringen kann:

$$\varphi = A_1 x_1 + B_1 y_1 + C_1 z_1 + \tfrac{1}{2} a_1 x_1^2 + \tfrac{1}{2} b_1 y_1^2 + \tfrac{1}{2} c_1 z_1^2,$$

wo dann die nach diesen neuen Coordinataxen zerlegten Geschwindigkeiten u_1, v_1, w_1 die Werthe erhalten:

$$u_1 = A_1 + a_1 x_1, \quad v_1 = B_1 + b_1 y_1, \quad w_1 = C_1 + c_1 z_1.$$

Die der x_1-Axe parallele Geschwindigkeit u_1 ist also gleich für alle Wassertheilchen, für welche x_1 denselben Werth hat, oder Wassertheilchen, welche zu Anfang des Zeittheilchens dt in einer der $y_1 z_1$-Ebene parallelen Ebene liegen, sind auch am Schlusse des Zeittheilchens dt in einer solchen. Dasselbe gilt für die $x_1 y_1$- und $x_1 z_1$-Ebene. Wenn wir also ein Parallelepipedon durch drei den letztgenannten Coordinatebenen parallele und ihnen unendlich nahe Ebenen begrenzt denken, so bilden die darin eingeschlossenen Wassertheilchen auch nach Ablauf des Zeittheilchens dt ein rechtwinkliges Parallelepipedon, dessen Flächen denselben Coordinatebenen parallel sind. Die ganze Bewegung eines solchen unendlich kleinen Parallelepipedon ist also unter der in (1c) ausgesprochenen Voraussetzung zusammengesetzt nur aus einer Translationsbewegung im Raume, und einer Ausdehnung oder Zusammenziehung seiner Kanten, und es ist keine Drehung desselben vorhanden.

Kehren wir zurück zu dem ersten Coordinatsystem der x, y, z und denken wir nun zu den bisher vorhandenen Bewegungen der den Punkt $\mathfrak{x}$, $\mathfrak{y}$, $\mathfrak{z}$ umgebenden unendlich kleinen Wassermasse noch Rotationsbewegungen um [31] Axen, die denen der x, y und z parallel sind, und durch den Punkt $\mathfrak{x}$, $\mathfrak{y}$, $\mathfrak{z}$ gehen, hinzugefügt, deren Winkelgeschwindigkeiten beziehlich sein mögen ξ, η, ζ, so sind die davon herrührenden Geschwindigkeitscomponenten parallel den Coordinataxen der x, y, z beziehlich:

$$\begin{array}{ccc} 0, & (z-\mathfrak{z})\xi, & -(y-\mathfrak{y})\xi; \\ -(z-\mathfrak{z})\eta, & 0, & (x-\mathfrak{x})\eta; \\ (y-\mathfrak{y})\zeta, & -(x-\mathfrak{x})\zeta, & 0. \end{array}$$

Die Geschwindigkeiten des Theilchens, dessen Coordinaten x, y, z sind, werden nun also:

$$u = A + a(x - \mathfrak{x}) + (\gamma + \zeta)(y - \mathfrak{y}) + (\beta - \eta)(z - \mathfrak{z}),$$
$$v = B + (\gamma - \zeta)(x - \mathfrak{x}) + b(y - \mathfrak{y}) + (\alpha + \xi)(z - \mathfrak{z}),$$
$$w = C + (\beta + \eta)(x - \mathfrak{x}) + (\alpha - \xi)(y - \mathfrak{y}) + c(z - \mathfrak{z}).$$

Daraus folgt durch Differenziren:

(2) $\quad\begin{cases} \dfrac{dv}{dz} - \dfrac{dw}{dy} = 2\xi, \\ \dfrac{dw}{dx} - \dfrac{du}{dz} = 2\eta, \\ \dfrac{du}{dy} - \dfrac{dv}{dx} = 2\zeta. \end{cases}$

Die Grössen der linken Seite also, welche nach den Gleichungen (1c) gleich Null sein müssen, wenn ein Geschwindigkeitspotential existiren soll, sind gleich den doppelten Rotationsgeschwindigkeiten der betreffenden Wassertheilchen um die drei Coordinataxen. Die Existenz eines Geschwindigkeitspotentials schliesst die Existenz von Rotationsbewegungen der Wassertheilchen aus.

Als eine weitere charakteristische Eigenthümlichkeit der Flüssigkeitsbewegung mit einem Geschwindigkeitspotential soll hier ferner noch angeführt werden, dass in einem ganz von festen Wänden eingeschlossenen, ganz mit Flüssigkeit gefüllten und einfach zusammenhängenden Raume S keine solche Bewegung vorkommen kann. Denn wenn wir mit n die nach innen gerichtete Normale der Oberfläche eines solchen Raumes bezeichnen, muss die zur Wand senkrecht gerichtete Geschwindigkeitscomponente $\dfrac{d\varphi}{dn}$ überall gleich Null sein. Dann ist nach einem bekannten Satze*) von $Green$[6]:

$$\iiint \left[\left(\frac{d\varphi}{dx}\right)^2 + \left(\frac{d\varphi}{dy}\right)^2 + \left(\frac{d\varphi}{dz}\right)^2 \right] dx\,dy\,dz = -\int \varphi \frac{d\varphi}{dn} d\omega,$$

wo links die Integration über den ganzen Raum S, rechts über die ganze Oberfläche von S, deren Flächenelement mit $d\omega$ bezeichnet ist, ausgedehnt werden muss. Ist nun $\dfrac{d\varphi}{dn}$ an

---

*) Der vorher schon angeführte Satz in Crelle's Journal Bd. XLIV, S. 360, welcher nicht für mehrfach zusammenhängende Räume gilt.

der ganzen Oberfläche gleich Null, so muss auch das Integral links gleich Null sein, was nur der Fall sein kann, wenn im ganzen Raume S

$$\frac{d\varphi}{dx} = \frac{d\varphi}{dy} = \frac{d\varphi}{dz} = 0,$$

also gar keine Bewegung des Wassers stattfindet. Jede Bewegung einer begrenzten Flüssigkeitsmasse in einem einfach zusammenhängenden Raume, die ein Geschwindigkeitspotential hat, ist also nothwendig mit einer Bewegung der Oberfläche der Flüssigkeit verbunden. Ist diese Bewegung der Oberfläche, d. h. $\frac{d\varphi}{dn}$, vollständig gegeben, so ist dadurch auch die ganze Bewegung der eingeschlossenen Flüssigkeitsmasse eindeutig bestimmt. Denn gäbe es zwei Functionen $\varphi_{\prime}$ und $\varphi_{\prime\prime}$, welche gleichzeitig im Inneren des Raumes S der Gleichung

$$\frac{d^2\varphi}{dx^2} + \frac{d^2\varphi}{dy^2} + \frac{d^2\varphi}{dz^2} = 0$$

genügten und an der Oberfläche die Bedingung

$$\frac{d\varphi}{dn} = \psi$$

erfüllten, wo ψ die durch die gegebene Bewegung der Oberfläche bedingten Werthe von $\frac{d\varphi}{dn}$ bezeichnet, so würde auch die Function $(\varphi_{\prime} - \varphi_{\prime\prime})$ die erstere Bedingung im Innern von S erfüllen, an der Oberfläche aber

$$\frac{d(\varphi_{\prime} - \varphi_{\prime\prime})}{dn} = 0$$

sein, woraus, wie eben gezeigt ist, auch für das ganze Innere von S folgen würde:

$$\frac{d(\varphi_{\prime} - \varphi_{\prime\prime})}{dx} = \frac{d(\varphi_{\prime} - \varphi_{\prime\prime})}{dy} = \frac{d(\varphi_{\prime} - \varphi_{\prime\prime})}{dz} = 0.$$

Beiden Functionen würden also genau dieselben Geschwindigkeiten auch im ganzen Innern von S entsprechen.

Also nur in dem Falle, wo kein Geschwindigkeitspotential existirt, können Drehungen der Wassertheilchen, und in sich zurücklaufende Bewegungen [33] innerhalb einfach zusammenhängender, ganz geschlossener Räume vorkommen. Wir können daher die Bewegungen, denen ein Geschwindigkeitspotential nicht zukommt, im Allgemeinen als **Wirbelbewegungen** charakterisiren[7]).

§ 2.
Constanz der Wirbelbewegung.

Wir wollen zunächst die Aenderungen der Rotationsgeschwindigkeiten ξ, η und ζ während der Bewegung bestimmen, wenn nur Kräfte wirken, denen ein Kräftepotential zukommt. Ich bemerke zunächst im Allgemeinen, dass, wenn ψ eine Function von x, y, z, t ist, und um $\delta\psi$ wächst, während die letzteren vier Grössen um δx, δy, δz und δt wachsen, wir haben:

$$\delta\psi = \frac{d\psi}{dt}\delta t + \frac{d\psi}{dx}\delta x + \frac{d\psi}{dy}\delta y + \frac{d\psi}{dz}\delta z.$$

Soll nun die Aenderung von ψ während des Zeittheilchens δt für ein constant bleibendes Wassertheilchen bestimmt werden, so müssen wir den Grössen δx, δy und δz dieselben Werthe geben, welche sie für das bewegte Wassertheilchen haben, nämlich

$$\delta x = u\delta t, \quad \delta y = v\delta t, \quad \delta z = w\delta t,$$

und erhalten[8])

$$\frac{\delta\psi}{\delta t} = \frac{d\psi}{dt} + u\frac{d\psi}{dx} + v\frac{d\psi}{dy} + w\frac{d\psi}{dz}.$$

Das Zeichen $\frac{\delta\psi}{\delta t}$ werde ich im Folgenden immer nur in dem Sinne gebrauchen, dass $\frac{\delta\psi}{\delta t}dt$ die Aenderung von ψ während der Zeit dt für dasselbe Wassertheilchen bezeichnet, dessen Coordinaten zu Anfang der Zeit dt x, y und z waren.

Indem wir aus den ersten der Gleichungen (1) mit Hülfe von Differentiationen die Grösse p eliminiren, dabei die Bezeichnungen der Gleichungen (2) einführen und für die Kräfte X, Y, Z die Gleichungen (1 a) als erfüllbar betrachten, erhalten wir folgende drei Gleichungen[9]):

(3)
$$\begin{cases} \frac{\partial \xi}{\partial t} = \xi \frac{du}{dx} + \eta \frac{du}{dy} + \zeta \frac{du}{dz}, \\ \frac{\partial \eta}{\partial t} = \xi \frac{dv}{dx} + \eta \frac{dv}{dy} + \zeta \frac{dv}{dz}, \\ \frac{\partial \zeta}{\partial t} = \xi \frac{dw}{dx} + \eta \frac{dw}{dy} + \zeta \frac{dw}{dz}, \end{cases}$$

oder auch

[34]

(3 a)
$$\begin{cases} \frac{\partial \xi}{\partial t} = \xi \frac{du}{dx} + \eta \frac{dv}{dx} + \zeta \frac{dw}{dx}, \\ \frac{\partial \eta}{\partial t} = \xi \frac{du}{dy} + \eta \frac{dv}{dy} + \zeta \frac{dw}{dy}, \\ \frac{\partial \zeta}{\partial t} = \xi \frac{du}{dz} + \eta \frac{dv}{dz} + \zeta \frac{dw}{dz}. \end{cases}$$

Wenn in einem Wassertheilchen ξ, η und ζ gleichzeitig gleich Null sind, sind auch

$$\frac{\partial \xi}{\partial t} = \frac{\partial \eta}{\partial t} = \frac{\partial \zeta}{\partial t} = 0.$$

Diejenigen Wassertheilchen also, welche nicht schon Rotationsbewegungen haben, bekommen auch im Verlaufe der Zeit keine Rotationsbewegungen.

Bekanntlich kann man Rotationen nach der Methode des Parallelogramms der Kräfte zusammensetzen. Sind ξ, η, ζ die Rotationsgeschwindigkeiten um die Coordinataxen, so ist die Rotationsgeschwindigkeit σ[10] um die augenblickliche Axe der Rotation:

$$\sigma = \sqrt{\xi^2 + \eta^2 + \zeta^2},$$

und die Cosinus der Winkel, welche diese Axe mit den Coordinaten bildet, sind beziehlich $\frac{\xi}{\sigma}$, $\frac{\eta}{\sigma}$ und $\frac{\zeta}{\sigma}$.

Wenn wir nun in Richtung dieser augenblicklichen Drehungsaxe das unendlich kleine Stück $\sigma\varepsilon$ abschneiden, so sind die Projectionen dieses Stückes auf die drei Coordinataxen beziehlich $\varepsilon\xi$, $\varepsilon\eta$ und $\varepsilon\zeta$. Während im Punkte x, y, z die Componenten der Geschwindigkeit u, v und w sind, sind sie am anderen Endpunkt von $\sigma\varepsilon$ beziehlich:

$$u_1 = u + \varepsilon\xi\frac{du}{dx} + \varepsilon\eta\frac{du}{dy} + \varepsilon\zeta\frac{du}{dz},$$

$$v_1 = v + \varepsilon\xi\frac{dv}{dx} + \varepsilon\eta\frac{dv}{dy} + \varepsilon\zeta\frac{dv}{dz},$$

$$w_1 = w + \varepsilon\xi\frac{dw}{dx} + \varepsilon\eta\frac{dw}{dy} + \varepsilon\zeta\frac{dw}{dz}.$$

Nach Verlauf der Zeit dt haben also die Projectionen der Entfernung der beiden Wassertheilchen, welche zu Anfang von dt das Stück $\sigma\varepsilon$ begrenzten, einen Werth erlangt, welchen man mit Berücksichtigung der Gleichungen (3) folgendermaassen schreiben kann:

[35]
$$\varepsilon\xi + (u_1 - u)dt = \varepsilon\left(\xi + \frac{\partial\xi}{\partial t}dt\right),$$

$$\varepsilon\eta + (v_1 - v)dt = \varepsilon\left(\eta + \frac{\partial\eta}{\partial t}dt\right),$$

$$\varepsilon\zeta + (w_1 - w)dt = \varepsilon\left(\zeta + \frac{\partial\zeta}{\partial t}dt\right).$$

Links stehen hier die Projectionen der neuen Lage der Verbindungslinie $\sigma\varepsilon$, rechts die mit dem constanten Factor ε multiplicirten Projectionen der neuen Rotationsgeschwindigkeit; es folgt aus diesen Gleichungen, dass die Verbindungslinie der beiden Wassertheilchen, welche zu Anfang der Zeit dt das Stück $\sigma\varepsilon$ der augenblicklichen Rotationsaxe begrenzten, auch nach Ablauf der Zeit dt noch mit der jetzt geänderten Rotationsaxe zusammenfällt[11].

Wenn wir eine Linie, deren Richtung überall mit der Richtung der augenblicklichen Rotationsaxe der dort befindlichen Wassertheilchen zusammentrifft, wie oben festgesetzt ist, eine **Wirbellinie** nennen, so können wir den eben gefundenen Satz so aussprechen: **Eine jede Wirbellinie bleibt fortdauernd aus denselben Wassertheilchen zusammengesetzt, während sie mit diesen Wassertheilchen in der Flüssigkeit fortschwimmt.**

Die rechtwinkligen Componenten der Rotationsgeschwindigkeit nehmen in demselben Verhältnisse zu, wie die Projectionen des Stücks $\varepsilon\sigma$ der Rotationsaxe; daraus folgt, dass die Grösse der resultirenden Rotationsgeschwindigkeit in einem bestimmten Wassertheilchen in demselben Verhältnisse sich verändert, wie der Abstand dieses Wassertheilchens von seinen Nachbarn in der Rotationsaxe.

Denken wir uns durch alle Punkte des Umfangs einer unendlich kleinen Fläche Wirbellinien gelegt, so wird dadurch aus der Flüssigkeit ein Faden von unendlich kleinem Querschnitt herausgetheilt, der Wirbelfaden genannt werden soll. Das Volumen eines zwischen zwei bestimmten Wassertheilchen gelegenen Stückes eines solchen Fadens, welches nach den eben bewiesenen Sätzen immer von denselben Wassertheilchen angefüllt bleibt, muss bei der Fortbewegung constant bleiben[12]), sein Querschnitt sich also im umgekehrten Verhältnisse als die Länge ändern. Danach kann man den eben hingestellten Satz auch so aussprechen: **Das Product aus der Rotationsgeschwindigkeit und dem Querschnitt in einem aus denselben Wassertheilchen bestehenden Stücke eines Wirbelfadens bleibt bei der Fortbewegung desselben constant.**

[36] Aus den Gleichungen (2) folgt unmittelbar, dass

$$\frac{d\xi}{dx} + \frac{d\eta}{dy} + \frac{d\zeta}{dz} = 0,$$

daraus weiter, dass

$$\iiint \left(\frac{d\xi}{dx} + \frac{d\eta}{dy} + \frac{d\zeta}{dz}\right) dx\,dy\,dz = 0,$$

wobei die Integration über einen ganz beliebigen Theil S der Wassermasse ausgedehnt werden kann. Wenn wir partiell integriren, folgt daraus:

$$\iint \xi\,dy\,dz + \iint \eta\,dx\,dz + \iint \zeta\,dx\,dy = 0,$$

wobei die Integrationen über die ganze Oberfläche des Raumes S auszudehnen sind. Nennen wir $d\omega$ ein Flächenelement dieser Oberfläche und α, β, γ die drei Winkel, welche die nach aussen gerichtete Normale von $d\omega$ mit den Coordinataxen bildet, so ist[13])

$$dy\,dz = \cos\alpha\,d\omega, \quad dx\,dz = \cos\beta\,d\omega, \quad dx\,dy = \cos\gamma\,d\omega,$$

also

$$\iint (\xi\cos\alpha + \eta\cos\beta + \zeta\cos\gamma)\,d\omega = 0,$$

oder wenn man σ die resultirende Rotationsgeschwindigkeit nennt und ϑ den Winkel zwischen ihr und der Normale,

$$\iint \sigma \cos \vartheta \cdot d\omega = 0,$$

die Integration über die ganze Oberfläche von S ausgedehnt.

Nun sei S ein Stück eines Wirbelfadens, begrenzt durch zwei unendlich kleine, senkrecht gegen die Axe des Fadens gelegte Ebenen $\omega_{\prime}$ und $\omega_{\prime\prime}$, so ist $\cos \vartheta$ an einer dieser Ebenen gleich 1, an der anderen -1, an der ganzen übrigen Oberfläche des Fadens gleich 0, folglich, wenn $\sigma_{\prime}$ und $\sigma_{\prime\prime}$ die Rotationsgeschwindigkeiten in $\omega_{\prime}$ und $\omega_{\prime\prime}$ sind, reducirt sich die letzte Gleichung auf

$$\sigma_{\prime}\omega_{\prime} = \sigma_{\prime\prime}\omega_{\prime\prime},$$

woraus folgt: **Das Product aus der Rotationsgeschwindigkeit und dem Querschnitt ist in der ganzen Länge desselben Wirbelfadens constant.** Dass es sich auch bei der Fortbewegung des Fadens nicht ändert, ist vorher schon bewiesen worden.

Es folgt hieraus auch, dass ein Wirbelfaden nirgends innerhalb der Flüssigkeit aufhören dürfe, sondern entweder ringförmig innerhalb der Flüssigkeit in sich zurücklaufen, oder bis an die Grenzen der Flüssigkeit reichen [37] müsse. Denn, wenn ein Wirbelfaden innerhalb der Flüssigkeit irgend wo endete, würde sich eine geschlossene Fläche construiren lassen, für welche das Integral $\int \sigma \cos \vartheta \, d\omega$ nicht den Werth Null hätte.

§ 3.
Integration nach dem Raume.

Wenn man die Bewegung der in der Flüssigkeit vorhandenen Wirbelfäden bestimmen kann, so werden durch die hingestellten Sätze auch die Grössen ξ, η und ζ vollständig zu bestimmen sein. Wir wollen jetzt an die Aufgabe gehen, aus den Grössen ξ, η und ζ die Geschwindigkeiten u, v und w zu finden.

Es seien also innerhalb einer Wassermasse, die den Raum S einnimmt, die Werthe von ξ, η und ζ gegeben, welche drei Grössen der Bedingung genügen, dass

(2a) $$\frac{d\xi}{dx} + \frac{d\eta}{dy} + \frac{d\zeta}{dz} = 0.$$

Es sollen gefunden werden u, v und w, so dass sie innerhalb des ganzen Raumes S den Bedingungen genügen, dass

(1)₁ $$\frac{du}{dx} + \frac{dv}{dy} + \frac{dw}{dz} = 0,$$

(2) $$\begin{cases} \dfrac{dv}{dz} - \dfrac{dw}{dy} = 2\xi, \\ \dfrac{dw}{dx} - \dfrac{du}{dz} = 2\eta, \\ \dfrac{du}{dy} - \dfrac{dv}{dx} = 2\zeta. \end{cases}$$

Dazu kommen noch die durch die jedesmalige Natur der Aufgabe für die Grenze des Raumes S geforderten Bedingungen.

Bei der gegebenen Vertheilung von ξ, η, ζ können nun theils Wirbellinien vorkommen, welche innerhalb des Raumes S geschlossen in sich zurücklaufen, theils solche, welche die Grenze von S erreichen und hier abbrechen. Wenn letzteres der Fall ist, so kann man jedenfalls entweder auf der Oberfläche von S oder ausserhalb S diese Wirbellinien fortsetzen und in sich zurücklaufend schliessen, so dass dann ein grösserer Raum S_1 existirt, welcher nur geschlossene Wirbellinien enthält, und an dessen ganzer Oberfläche ξ, η, ζ und ihre Resultante σ selbst gleich Null sind, oder wenigstens

(2 b) $\quad \xi \cos \alpha + \eta \cos \beta + \zeta \cos \gamma = \sigma \cos \vartheta = 0.$

[38] Wie vorher bedeuten hier α, β, γ die Winkel zwischen der Normale des betreffenden Theils der Oberfläche von S_1 und den Coordinataxen, ϑ den Winkel zwischen der Normale und der resultirenden Rotationsaxe.

Werthe von u, v, w, welche den Gleichungen (1)₁ und (2) genügen, erhalten wir nun, indem wir setzen:

(4) $$\begin{cases} u = \dfrac{dP}{dx} + \dfrac{dN}{dy} - \dfrac{dM}{dz}, \\ v = \dfrac{dP}{dy} + \dfrac{dL}{dz} - \dfrac{dN}{dx}, \\ w = \dfrac{dP}{dz} + \dfrac{dM}{dx} - \dfrac{dL}{dy}, \end{cases}$$

und die Grössen L, M, N, P durch die Bedingungen bestimmen, dass innerhalb des Raumes S_1

(5) $$\begin{cases} \dfrac{d^2L}{dx^2} + \dfrac{d^2L}{dy^2} + \dfrac{d^2L}{dz^2} = 2\xi, \\ \dfrac{d^2M}{dx^2} + \dfrac{d^2M}{dy^2} + \dfrac{d^2M}{dz^2} = 2\eta, \\ \dfrac{d^2N}{dx^2} + \dfrac{d^2N}{dy^2} + \dfrac{d^2N}{dz^2} = 2\zeta, \\ \dfrac{d^2P}{dx^2} + \dfrac{d^2P}{dy^2} + \dfrac{d^2P}{dz^2} = 0. \end{cases}$$

Wie diese letzteren Gleichungen integrirt werden, ist bekannt. L, M, N sind die Potentialfunctionen fingirter magnetischer Massen, die mit der Dichtigkeit $-\dfrac{\xi}{2\pi}$, $-\dfrac{\eta}{2\pi}$ und $-\dfrac{\zeta}{2\pi}$ durch den Raum S_1 verbreitet sind[14]), P die Potentialfunction von Massen, die ausserhalb des Raumes S liegen. Bezeichnen wir die Entfernung eines Punktes, dessen Coordinaten a, b, c sind, von dem Punkte x, y, z mit r, und mit ξ_a, η_a, ζ_a die Werthe von ξ, η, ζ in dem Punkte a, b, c, so ist also

(5a) $$\begin{cases} L = -\dfrac{1}{2\pi} \iiint \dfrac{\xi_a}{r} da\, db\, dc, \\ M = -\dfrac{1}{2\pi} \iiint \dfrac{\eta_a}{r} da\, db\, dc, \\ N = -\dfrac{1}{2\pi} \iiint \dfrac{\zeta_a}{r} da\, db\, dc, \end{cases}$$

die Integrationen über den Raum S_1 ausgedehnt, und

$$P = \iiint \dfrac{k}{r} da\, db\, dc,$$

[39] wo k eine willkürliche Function von a, b, c ist, und die Integration über den äusseren, S umschliessenden Raum auszudehnen ist. Die willkürliche Function k muss so bestimmt werden, dass die Grenzbedingungen erfüllt werden, eine Aufgabe, deren Schwierigkeit ähnlich denen über elektrische und magnetische Vertheilung ist.

Dass die in (4) gegebenen Werthe von u, v und w die Bedingung (1)$_4$ erfüllen, ergiebt sich gleich durch Differentiation mit Berücksichtigung der vierten der Gleichungen (5).

Ferner findet man durch Differentiation der Gleichungen (4) mit Berücksichtigung der ersten drei von (5), dass

$$\frac{dv}{dz} - \frac{dw}{dy} = 2\xi - \frac{d}{dx}\left[\frac{dL}{dx} + \frac{dM}{dy} + \frac{dN}{dz}\right],$$

$$\frac{dw}{dx} - \frac{du}{dz} = 2\eta - \frac{d}{dy}\left[\frac{dL}{dx} + \frac{dM}{dy} + \frac{dN}{dz}\right],$$

$$\frac{du}{dy} - \frac{dv}{dx} = 2\zeta - \frac{d}{dz}\left[\frac{dL}{dx} + \frac{dM}{dy} + \frac{dN}{dz}\right].$$

Die Gleichungen (2) sind also ebenfalls erfüllt, wenn nachgewiesen werden kann, dass im ganzen Raume S_1

(5 b) $$\frac{dL}{dx} + \frac{dM}{dy} + \frac{dN}{dz} = 0.$$

Dass dies der Fall sei, ergiebt sich aus den Gleichungen (5 a):

$$\frac{dL}{dx} = +\frac{1}{2\pi}\iiint \frac{\xi_a(x-a)}{r^3} da\,db\,dc,$$

oder nach partieller Integration:

$$\frac{dL}{dx} = \frac{1}{2\pi}\iint \frac{\xi_a}{r} db\,dc - \frac{1}{2\pi}\iiint \frac{1}{r} \cdot \frac{d\xi_a}{da} da\,db\,dc,$$

$$\frac{dM}{dy} = \frac{1}{2\pi}\iint \frac{\eta_a}{r} da\,dc - \frac{1}{2\pi}\iiint \frac{1}{r} \cdot \frac{d\eta_a}{db} da\,db\,dc,$$

$$\frac{dN}{dz} = \frac{1}{2\pi}\iint \frac{\zeta_a}{r} da\,db - \frac{1}{2\pi}\iiint \frac{1}{r} \cdot \frac{d\zeta_a}{dc} da\,db\,dc.$$

Addiren wir diese drei Gleichungen und nennen das Flächenelement der Oberfläche von S_1 $d\omega$ [15]), so erhalten wir:

$$\frac{dL}{dx} + \frac{dM}{dy} + \frac{dN}{dz} = \frac{1}{2\pi}\int (\xi_a\cos\alpha + \eta_a\cos\beta + \zeta_a\cos\gamma)\frac{1}{r}d\omega$$

$$- \frac{1}{2\pi}\iiint \frac{1}{r}\left(\frac{d\xi_a}{da} + \frac{d\eta_a}{db} + \frac{d\zeta_a}{dc}\right) da\,db\,dc.$$

[40] Da aber im ganzen Innern des Raumes

(2a) $$\frac{d\xi_a}{da} + \frac{d\eta_a}{db} + \frac{d\zeta_a}{dc} = 0$$

und auf seiner ganzen Oberfläche

(2b) $$\xi_a \cos \alpha + \eta_a \cos \beta + \zeta_a \cos \gamma = 0,$$

so sind beide Integrale gleich 0 und die Gleichung (5b) wie die Gleichungen (2) erfüllt. Die Gleichungen (4) und (5) oder (5a) sind somit wirklich Integrale der Gleichungen (1)$_4$ und (2).

Die in der Einleitung erwähnte Analogie zwischen den Fernwirkungen der Wirbelfäden und den elektromagnetischen Fernwirkungen stromleitender Drähte, welche ein sehr gutes Mittel abgiebt, um die Form der Wirbelbewegungen anschaulich zu machen, ergiebt sich aus diesen Sätzen.

Wenn wir die Werthe von L, M, N aus den Gleichungen (5a) in die Gleichung (4) setzen, und diejenigen unendlich kleinen Theile von u, v und w, welche in den Integralen von dem Körperelement $da\,db\,dc$ herrühren, mit $\varDelta u, \varDelta v, \varDelta w$ bezeichnen, ihre Resultate mit $\varDelta p$, so ist

$$\varDelta u = \frac{1}{2\pi} \frac{(y-b)\zeta_a - (z-c)\eta_a}{r^3} da\,db\,dc,$$

$$\varDelta v = \frac{1}{2\pi} \frac{(z-c)\xi_a - (x-a)\zeta_a}{r^3} da\,db\,dc,$$

$$\varDelta w = \frac{1}{2\pi} \frac{(x-a)\eta_a - (y-b)\xi_a}{r^3} da\,db\,dc.$$

Aus diesen Gleichungen geht hervor, dass

$$\varDelta u(x-a) + \varDelta v(y-b) + \varDelta w(z-c) = 0,$$

d. h. die Resultante $\varDelta p$ von $\varDelta u, \varDelta v$ und $\varDelta w$ macht mit r einen rechten Winkel. Ferner:

$$\xi_a \varDelta u + \eta_a \varDelta v + \zeta_a \varDelta w = 0,$$

d. h. dieselbe Resultante $\varDelta p$ macht auch mit der resultirenden Rotationsaxe in a, b, c einen rechten Winkel. Endlich:

$$\varDelta p = \sqrt{\varDelta u^2 + \varDelta v^2 + \varDelta w^2} = \frac{da\,db\,dc}{2\pi r^2} \sigma \sin \nu,$$

wo σ die Resultante von ξ_a, η_a, ζ_a und ν der Winkel zwischen ihr und r ist, welcher durch die Gleichung bestimmt wird:

$$\sigma r \cos \nu = (x-a)\xi_a + (y-b)\eta_a + (z-c)\zeta_a.$$

[41] Jedes rotirende Wassertheilchen a bedingt also in jedem anderen Theilchen b derselben Wassermasse eine Geschwindigkeit, welche senkrecht gegen die durch die Rotationsaxe von a und das Theilchen b gelegte Ebene steht. Die Grösse dieser Geschwindigkeit ist direct proportional dem Volumen von a, seiner Rotationsgeschwindigkeit und dem Sinus des Winkels zwischen der Linie ab und der Rotationsaxe, umgekehrt proportional dem Quadrat der Entfernung beider Theilchen.

Genau demselben Gesetze folgt die Kraft, welche eine in a befindliche elektrische, der Rotationsaxe parallele Strömung auf ein in b befindliches magnetisches Theilchen ausüben würde [16]).

Die mathematische Verwandtschaft beider Klassen von Naturerscheinungen beruht darin, dass bei den Wasserwirbeln in denjenigen Theilen der Wassermasse, welche keine Rotation haben, ein Geschwindigkeitspotential φ existirt, welches der Gleichung

$$\frac{d^2\varphi}{dx^2} + \frac{d^2\varphi}{dy^2} + \frac{d^2\varphi}{dz^2} = 0$$

Genüge thut, welche Gleichung nur innerhalb der Wirbelfäden nicht gilt. Wenn wir uns die Wirbelfäden aber immer als geschlossen denken entweder innerhalb oder ausserhalb der Wassermasse, so ist der Raum, in welchem die Differentialgleichung für φ gilt, ein mehrfach zusammenhängender, denn er bleibt noch zusammenhängend, wenn man Schnittflächen durch ihn gelegt denkt, deren jede durch einen Wirbelfaden vollständig begrenzt wird. In solchen mehrfach zusammenhängenden Räumen kann nun eine Function φ, welche der obigen Differentialgleichung genügt, mehrdeutig werden, und sie muss mehrdeutig werden, wenn sie in sich selbst zurücklaufende Strömungen darstellen soll; denn da die Geschwindigkeiten der Wassermasse ausserhalb der Wirbelfäden den Differentialquotienten von φ proportional sind, so muss man, der Bewegung des Wassers folgend, zu immer grösseren Werthen von φ fortschreiten. Ist die Strömung also in sich zurücklaufend, und kommt man, ihr folgend, schliesslich an den Ort zurück, wo man schon früher war, so findet man für diesen einen zweiten, höheren Werth von φ. Da man dasselbe unendlich oft ausführen kann, so muss es unendlich viel verschiedene Werthe von φ für jeden Punkt eines solchen mehrfach zusammenhängenden Raumes geben, welche um gleiche Differenzen von einander verschieden sind, wie die verschiedenen Werthe von Arc tang $\left(\dfrac{x}{y}\right)$, welches eine solche mehrdeutige Function ist, die der obigen Differentialgleichung genügt[17]).

[42] Ebenso verhält es sich mit den elektromagnetischen Wirkungen eines geschlossenen elektrischen Stromes. Derselbe wirkt in die Ferne, wie eine gewisse Vertheilung magnetischer Massen auf einer von dem Stromleiter begrenzten Fläche. Ausserhalb des Stromes können deshalb die Kräfte, die er auf ein magnetisches Theilchen ausübt, als die Differentialquotienten einer Potentialfunction V betrachtet werden, welche der Gleichung genügt

$$\frac{d^2V}{dx^2}+\frac{d^2V}{dy^2}+\frac{d^2V}{dz^2}=0.$$

Auch hier ist aber der Raum, welcher den geschlossenen Stromleiter umgiebt, und in dem diese Gleichung gilt, mehrfach zusammenhängend, und V vieldeutig.

Bei den Wirbelbewegungen des Wassers also, wie bei den elektromagnetischen Wirkungen, hängen Geschwindigkeiten oder Kräfte ausserhalb des von Wirbelfäden oder elektrischen Strömen durchzogenen Raumes von mehrdeutigen Potentialfunctionen ab, welche übrigens der allgemeinen Differentialgleichung der magnetischen Potentialfunctionen Genüge thun, während innerhalb des von Wirbelfäden oder elektrischen Strömen durchzogenen Raumes statt der Potentialfunctionen, die hier nicht existiren, andere gemeinsame Functionen auftreten, wie sie in den Gleichungen (4), (5) und (5a) hingestellt sind. Bei den einfach fortströmenden Wasserbewegungen und den magnetischen Kräften dagegen haben wir es mit eindeutigen Potentialfunctionen zu thun, ebenso wie bei der Gravitation, den elektrischen Anziehungskräften, den constant gewordenen elektrischen und thermischen Strömungen.

Diejenigen Integrale der hydrodynamischen Gleichungen, in denen ein eindeutiges Geschwindigkeitspotential existirt, können wir **Integrale erster Klasse** nennen. Diejenigen dagegen, bei welchen Rotationen eines Theils der Wassertheilchen und demgemäss in den nicht rotirenden Wassertheilchen ein mehrdeutiges Geschwindigkeitspotential vorkommt,

Integrale zweiter Klasse. Es kann vorkommen, dass im letzteren Falle nur solche Theile des Raumes in der Aufgabe zu betrachten sind, welche keine rotirenden Wassertheile enthalten, z. B. bei Bewegungen des Wassers in ringförmigen Gefässen, wobei ein Wirbelfaden durch die Axe des Gefässes gehend gedacht werden kann, und wo also die Aufgabe doch noch zu denen gehört, die mittelst der Annahme eines Geschwindigkeitspotentials gelöst werden können.

In den hydrodynamischen Integralen erster Klasse sind die Geschwindigkeiten der Wassertheilchen gleich gerichtet und proportional den Kräften, welche eine gewisse ausserhalb der Flüssigkeit befindliche Vertheilung magnetischer [43] Massen auf ein am Orte des Wassertheilchens befindliches magnetisches Theilchen hervorbringen würde.

In den hydrodynamischen Integralen zweiter Klasse sind die Geschwindigkeiten der Wassertheilchen gleich gerichtet und proportional den auf ein magnetisches Theilchen wirkenden Kräften, welche geschlossene elektrische, durch die Wirbelfäden fliessende Ströme, deren Dichtigkeit der Rotationsgeschwindigkeit dieser Fäden proportional wäre, vereint mit ausserhalb der Flüssigkeit befindlichen magnetischen Massen hervorbringen würden. Die elektrischen Ströme innerhalb der Flüssigkeit würden mit dem betreffenden Wirbelfaden fortfliessen und constante Intensität behalten müssen. Die angenommene Vertheilung magnetischer Massen ausserhalb der Flüssigkeit oder auf ihrer Oberfläche muss so bestimmt werden, dass den Grenzbedingungen Genüge geschieht. Jede magnetische Masse kann bekanntlich auch durch elektrische Strömungen ersetzt werden. Statt also in den Werthen für u, v und w noch die Potentialfunction P einer ausserhalb liegenden Masse k hinzuzufügen, erhält man eine ebenso allgemeine Lösung, wenn man den Grössen ξ, η und ζ ausserhalb oder selbst nur an der Oberfläche der Flüssigkeit beliebige Werthe ertheilt, aber so, dass nur geschlossene Stromfäden entstehen, und dann die Integration in den Gleichungen (5 a) über den ganzen Raum ausdehnt, in welchem ξ, η und ζ von 0 verschieden sind.

§ 4.

Wirbelflächen und Energie der Wirbelfäden.

In den hydrodynamischen Integralen erster Art genügt es, wie ich oben gezeigt habe, die Bewegung der Oberfläche zu kennen. Dadurch ist die Bewegung im Innern der Flüssigkeit ganz bestimmt. Bei den Integralen zweiter Art ist dagegen noch die Bewegung der innerhalb der Flüssigkeit befindlichen Wirbelfäden unter ihrem gegenseitigen Einflusse und mit Berücksichtigung der Grenzbedingungen zu bestimmen, wodurch die Aufgabe viel verwickelter wird. Indessen lässt sich für gewisse einfache Fälle auch diese Aufgabe lösen, namentlich für solche, wo Rotation der Wassertheilchen nur in gewissen Flächen oder Linien vorkommt, und die Gestalt dieser Flächen und Linien bei der Fortbewegung unverändert bleibt.

Die Eigenschaften von Flächen, welchen eine unendlich dünne Schicht rotirender Wassertheilchen anliegt, ergeben sich leicht aus den Gleichungen (5a). Wenn ξ, η und ζ nur in einer unendlich dünnen Schicht von 0 verschieden sind, so werden ihre Potentialfunctionen L, M und N nach bekannten Sätzen auf beiden Seiten der Schicht gleiche Werthe haben, aber [44] ihre Differentialquotienten, in Richtung der Normale der Schicht genommen, werden verschieden sein. Denken wir uns die Coordinataxen so gelegt, dass an der von uns betrachteten Stelle der Wirbelfläche die z-Axe der Normale der Fläche, die x-Axe der Rotationsaxe der Wassertheilchen in der Fläche[18]) entspricht, so dass an dieser Stelle $\eta = \zeta = 0$, so werden die Potentiale M und N, so wie ihre Differentialquotienten auf beiden Seiten der Schicht dieselben Werthe haben, eben so L und $\frac{dL}{dx}$ und $\frac{dL}{dy}$, dagegen wird $\frac{dL}{dz}$ zwei verschiedene Werthe haben, deren Unterschied gleich $2\xi\varepsilon$ ist, wenn ε die Dicke der Schicht bezeichnet. Demgemäss ergeben die Gleichungen (4), dass u und w auf beiden Seiten der Wirbelfläche gleiche Werthe haben, v aber Werthe, die um $2\xi\varepsilon$ von einander verschieden sind. **Es ist also auf beiden Seiten einer Wirbelfläche diejenige Componente der Geschwindigkeit, welche, senkrecht gegen die Wirbellinien stehend, die Fläche tangirt, von verschiedenem Werthe.** Innerhalb der Schicht rotirender Wassertheilchen muss man sich die betreffende Componente der Geschwindigkeit gleichmässig zunehmend denken von demjenigen Werthe, der an der einen Seite der Fläche stattfindet, zu dem der andern Seite. Denn wenn ξ durch die ganze Dicke der Schicht hier constant ist, und α einen echten Bruch bezeichnet, v' den Werth von v auf der einen, v_1 auf der andern Seite, v_α in der Schicht selbst um $\alpha\varepsilon$ von der ersten Seite entfernt, so sahen wir, dass $v' - v_1 = 2\xi\varepsilon$, weil zwischen beiden eine Schicht von der Dicke ε und der Rotationsintensität ξ liegt. Aus demselben Grunde muss $v' - v_\alpha = 2\xi\varepsilon\alpha = \alpha(v' - v_1)$ sein, worin der hingestellte Satz liegt. Da wir uns die rotirenden Wassertheilchen selbst als bewegt denken müssen, und die Aenderung der Vertheilung auf der Fläche von ihrer Bewegung abhängt, so müssen wir ihnen als mittlere Geschwindigkeit ihres Fortfliessens längs der Fläche für die ganze Dicke der Schicht eine solche zuertheilen, welche dem arithmetischen Mittel der an beiden Seiten der Schicht stattfindenden Geschwindigkeiten entspricht.

Eine solche Wirbelfläche würde z. B. entstehen, wenn zwei vorher getrennte und bewegte Flüssigkeitsmassen in Berührung mit einander kommen. An der Berührungsfläche würden sich die gegen diese senkrechten Geschwindigkeiten nothwendig ausgleichen müssen. Die sie tangirenden Geschwindigkeiten werden aber im Allgemeinen in den beiden Flüssigkeitsmassen verschieden sein. Die Berührungsfläche würde also die Eigenschaften einer Wirbelfläche haben.

[45] Dagegen darf man sich im Allgemeinen vereinzelte Wirbelfäden nicht als unendlich dünn denken, weil sonst die Geschwindigkeiten an entgegengesetzten Seiten des Fadens unendlich grosse und entgegengesetzte Werthe erhalten, und die eigene Geschwindigkeit des Fadens deshalb unbestimmt wird[19]). Um nun doch gewisse allgemeine Schlüsse für die Bewegung sehr dünner Fäden von beliebigem Querschnitt ziehen zu können, wird uns das Princip von der Erhaltung der lebendigen Kraft dienen.

Ehe wir also zu einzelnen Beispielen übergehen, wollen wir noch die Gleichung für die lebendige Kraft K der bewegten Wassermasse bilden:

(6) $$K = \tfrac{1}{2} h \int\int\int (u^2 + v^2 + w^2) dx\,dy\,dz.$$

Indem ich in dem Integral nach den Gleichungen (4) setze

$$u^2 = u\left(\frac{dP}{dx} + \frac{dN}{dy} - \frac{dM}{dz}\right),$$
$$v^2 = v\left(\frac{dP}{dy} + \frac{dL}{dz} - \frac{dN}{dx}\right),$$
$$w^2 = w\left(\frac{dP}{dz} + \frac{dM}{dx} - \frac{dL}{dy}\right)$$

und partiell integrire, dann mit cos α, cos β, cos γ und cos ϑ die Winkel bezeichne, welche die nach innen gerichtete Normale des Elements $d\omega$ der Wassermasse mit den Coordinataxen und der resultirenden Geschwindigkeit q bildet, erhalte ich mit Berücksichtigung der Gleichungen (2) und (1)$_4$:

(6 a) $\quad K = -\dfrac{h}{2} \int d\omega \, [Pq \cos \vartheta + L(v \cos \gamma - w \cos \beta)$
$\qquad\qquad + M(w \cos \alpha - u \cos \gamma) + N(u \cos \beta - v \cos \alpha)]$
$\qquad\qquad - h \iiint (L\xi + M\eta + N\zeta) \, dx \, dy \, dz$ [20].

Den Werth von $\dfrac{dK}{dt}$ erhält man aus den Gleichungen (1), indem man die erste mit u, die zweite mit v, die dritte mit w multiplicirt und addirt:

$$h\left(u\frac{du}{dt} + v\frac{dv}{dt} + w\frac{dw}{dt}\right)$$
$$= -\left(u\frac{dp}{dx} + v\frac{dp}{dy} + w\frac{dp}{dz}\right) + h\left(u\frac{dV}{dx} + v\frac{dV}{dy} + w\frac{dV}{dz}\right)$$
$$- \frac{h}{2}\left(u\frac{d(q^2)}{dx} + v\frac{d(q^2)}{dy} + w\frac{d(q^2)}{dz}\right).$$

Wenn man beide Seiten mit $dx \, dy \, dz$ multiplicirt, dann über die ganze Ausdehnung der Wassermasse integrirt, und berücksichtigt, dass wegen (1)$_4$

$$\iiint \left(u\frac{d\psi}{dx} + v\frac{d\psi}{dy} + w\frac{d\psi}{dz}\right) dx \, dy \, dz = -\int \psi q \cos \vartheta \, d\omega,$$

wenn ψ im Innern der Wassermasse eine stetige und eindeutige Function [46] bezeichnet, so erhält man

(6 b) $\qquad \dfrac{dK}{dt} = \int d\omega \, (p - hV + \tfrac{1}{2} hq^2) \, q \cos \vartheta.$

Wenn die Wassermasse ganz in festen Wänden eingeschlossen ist, muss $q \cos \vartheta$ an allen Punkten der Oberfläche gleich 0 sein, dann wird also auch $\dfrac{dK}{dt} = 0$, d. h. K constant.

Denkt man sich diese feste Wand in unendlicher Entfernung vom Anfangspunkt der Coordinaten und die vorhandenen Wirbelfäden in endlicher Entfernung, so werden die

Potentialfunctionen L, M, N, deren Massen ξ, η, ζ jede in Summa gleich Null sind, in der unendlichen Entfernung $\Re$ wie $\Re^{-2}$ abnehmen, und die Geschwindigkeiten, ihre Differentialquotienten, wie $\Re^{-3}$, das Flächenelement $d\omega$ aber, wenn es immer dem gleichen Kegelwinkel im Nullpunkte der Coordinaten entsprechen soll, wie $\Re^2$ zunehmen. Das erste Integral in dem Ausdrucke für K (Gleichung (6a)), welches über die Oberfläche der Wassermasse ausgedehnt ist, wird wie $\Re^{-3}$ abnehmen, für ein unendliches $\Re$ also gleich Null werden[21]). Dann reducirt sich der Werth von K auf

(6c) $$K = -h\iiint(L\xi + M\eta + N\zeta)\,dx\,dy\,dz,$$

und diese Grösse wird während der Bewegung nicht geändert.

§ 5.
Geradlinige parallele Wirbelfäden.

Wir wollen zuerst den Fall untersuchen, wo nur geradlinige, der Axe der z parallele Wirbelfäden existiren, entweder in einer unendlich ausgedehnten Wassermasse, oder in einer solchen Masse, die durch zwei gegen die Wirbelfäden senkrechte unendliche Ebenen begrenzt ist, was auf dasselbe herauskommt. Alle Bewegungen geschehen dann in Ebenen, die zur Axe der z senkrecht sind, und sind in allen diesen Ebenen genau dieselben.

Wir setzen also

$$w = \frac{du}{dz} = \frac{dv}{dz} = \frac{dp}{dz} = \frac{dV}{dz} = 0.$$

Dann reduciren sich die Gleichungen (2) auf

$$\xi = 0, \qquad \eta = 0, \qquad 2\zeta = \frac{du}{dy} - \frac{dv}{dx},$$

die Gleichungen (3) auf

$$\frac{\partial \zeta}{\partial t} = 0.$$

[47] Die Wirbelfäden behalten also constante Rotationsgeschwindigkeit, so wie sie auch constanten Querschnitt behalten.

Die Gleichungen (4) reduciren sich auf

$$u = \frac{dN}{dy}, \quad v = -\frac{dN}{dx},$$

$$\frac{d^2N}{dx^2} + \frac{d^2N}{dy^2} = 2\zeta.$$

Ich habe hier nach der am Ende des § 3 gemachten Bemerkung $P = 0$ gesetzt. Die Gleichung der Strömungslinien [22]) ist also $N =$ Const.

N ist in diesem Falle die Potentialfunction unendlich langer Linien; diese selbst ist unendlich gross, aber ihre Differentialquotienten sind endlich [23]). Sind a und b die Coordinaten eines Wirbelfadens, dessen Querschnitt $da\,db$ ist, so ist

$$-v = \frac{dN}{dx} = \frac{\zeta\,da\,db}{\pi} \cdot \frac{x-a}{r^2}, \quad u = \frac{dN}{dy} = \frac{\zeta\,da\,db}{\pi} \cdot \frac{y-b}{r^2}.$$

Es folgt hieraus, dass die resultirende Geschwindigkeit q senkrecht gegen r, das auf den Wirbelfaden gefällte Loth, steht, und dass

$$q = \frac{\zeta\,da\,db}{\pi r}.$$

Haben wir in einer in Richtung der x und y unendlich ausgedehnten Wassermasse mehrere Wirbelfäden, deren Coordinaten beziehlich x_1, y_1, x_2, y_2 u. s. w. sind, während das Product aus Rotationsgeschwindigkeit und Querschnitt eines jeden derselben mit m_1, m_2 etc. bezeichnet wird, und bilden wir die Summen

$$U = m_1 u_1 + m_2 u_2 + m_3 u_3 + \text{etc.},$$
$$V = m_1 v_1 + m_2 v_2 + m_3 v_3 + \text{etc.},$$

so werden dieselben gleich 0, weil der Antheil an der Summe V, der aus der Wirkung des zweiten Wirbelfadens auf den ersten entsteht, aufgehoben wird durch den vom ersten Wirbelfaden auf den zweiten. Beide sind nämlich

$$m_1 \cdot \frac{m_2}{\pi}\frac{x_1-x_2}{r^2} \quad \text{und} \quad m_2 \cdot \frac{m_1}{\pi}\frac{x_2-x_1}{r^2}$$

und so bei allen andern in beiden Summen. Nun ist U die Geschwindigkeit des Schwerpunkts der Massen m_1, m_2 u. s. w. in Richtung der x, multiplicirt mit der Summe dieser

Massen, ebenso V parallel den y genommen. Beide Geschwindigkeiten sind also gleich Null, wenn nicht die Summe der Massen gleich Null, wo es überhaupt keinen Schwerpunkt giebt. Der Schwerpunkt [48] der Wirbelfäden bleibt also bei ihrer Bewegung um einander unverändert, und da dieser Satz für jede beliebige Vertheilung der Wirbelfäden gilt, so dürfen wir ihn auch auf einzelne Wirbelfäden von unendlich kleinem Querschnitt anwenden.

Daraus ergeben sich nun nachstehende Folgerungen:

1) Haben wir einen einzelnen geradlinigen Wirbelfaden von unendlich kleinem Querschnitt, in einer nach allen gegen den Wirbelfaden senkrechten Richtungen unendlich ausgedehnten Wassermasse, so hängt die Bewegung der Wassertheilchen in endlicher Entfernung von ihm nur ab von dem Product $\zeta\, da\, db = m$ aus der Rotationsgeschwindigkeit und der Grösse seines Querschnitts, nicht von der Form seines Querschnitts. Die Theilchen der Wassermasse rotiren um ihn mit der Tangentialgeschwindigkeit $\dfrac{m}{\pi r}$, wo r die Entfernung vom Schwerpunkte des Wirbelfadens bezeichnet. Die Lage des Schwerpunkts selbst, die Rotationsgeschwindigkeit, die Grösse des Querschnitts, also auch die Grösse m bleiben unverändert, wenn auch die Form des unendlich kleinen Querschnitts sich ändern kann.

2) Haben wir zwei geradlinige Wirbelfäden von unendlich kleinem Querschnitt in einer unbegrenzten Wassermasse, so wird jeder den andern in einer Richtung forttreiben, welche senkrecht gegen ihre Verbindungslinie steht. Die Länge der Verbindungslinie wird dadurch nicht geändert[24]). Es werden sich also beide um ihren gemeinschaftlichen Schwerpunkt in gleich bleibendem Abstand drehen. Ist die Rotationsgeschwindigkeit in beiden Wirbelfäden gleich gerichtet, also von gleichem Vorzeichen, so muss ihr Schwerpunkt zwischen ihnen liegen. Ist sie entgegengesetzt gerichtet, also von ungleichem Vorzeichen, so liegt ihr Schwerpunkt in der Verlängerung ihrer Verbindungslinie. Und ist das Product aus der Rotationsgeschwindigkeit und dem Querschnitt bei beiden gleich, aber von entgegengesetztem Zeichen, wobei der Schwerpunkt in unendlicher Entfernung liegen würde, so schreiten sie beide mit gleicher Geschwindigkeit und senkrecht gegen ihre Verbindungslinie in gleicher Richtung fort.

Auf den letzteren Fall kann man auch den zurückführen,

wo ein Wirbelfaden von unendlich kleinem Querschnitt sich neben einer ihm parallelen unendlich ausgedehnten Ebene befindet. Die Grenzbedingung für die Bewegung des Wassers an der Ebene, dass sie der Ebene parallel sein müsse, erfüllt man, indem man jenseits der Ebene noch einen zweiten Wirbelfaden, das [49] Spiegelbild des ersten, hinzugefügt denkt. Daraus folgt denn, dass der in der Wassermasse befindliche Wirbelfaden parallel der Ebene fortschreitet, in der Richtung, in welcher sich die Wassertheilchen zwischen ihm und der Ebene bewegen, und mit $1/4$ der Geschwindigkeit, welche die Wassertheilchen im Fusspunkt eines von dem Wirbelfaden auf die Ebene gefällten Lothes haben[25]).

Bei geradlinigen Wirbelfäden führt die Annahme eines unendlich kleinen Querschnitts auf keine unzulässige Folgerung, weil jeder einzelne Faden auf sich selbst keine forttreibende Kraft ausübt, sondern nur durch den Einfluss der anderen vorhandenen Fäden fortgetrieben wird. Anders ist es bei gekrümmten Fäden.

§ 6.
Kreisförmige Wirbelfäden.

In einer unendlich ausgedehnten Wassermasse seien nur kreisförmige Wirbelfäden vorhanden, deren Ebenen zur z Axe senkrecht sind und deren Mittelpunkte in dieser Axe liegen, so dass rings um sie herum alles symmetrisch ist. Man ändere die Coordinaten, indem man setzt

$$x = \chi \cos \varepsilon, \qquad a = g \cos e,$$
$$y = \chi \sin \varepsilon, \qquad b = g \sin e,$$
$$z = z, \qquad c = c.$$

Die Rotationsgeschwindigkeit σ ist nach der Annahme nur eine Function von χ und z oder von g und c, und die Rotationsaxe steht überall senkrecht auf χ (oder g) und der z Axe[26]). Es sind also die rechtwinkligen Componenten der Rotation in dem Punkte, dessen Coordinaten g, e und c sind,

$$\xi = -\sigma \sin e, \qquad \eta = \sigma \cos e, \qquad \zeta = 0.$$

In den Gleichungen (5a) wird

$$r^2 = (z-c)^2 + \chi^2 + g^2 - 2\chi g \cos(\varepsilon - e),$$
$$L = \frac{1}{2\pi} \iiint \frac{\sigma \sin e}{r} g \, dg \, de \, dc,$$

$$M = -\frac{1}{2\pi}\iiint \frac{\sigma \cos e}{r} g\, dg\, de\, dc,$$
$$N = 0.$$

Indem man mit $\cos \varepsilon$ und $\sin \varepsilon$ multiplicirt und addirt, erhält man aus den Gleichungen für L und M[27]:

$$L \sin \varepsilon - M \cos \varepsilon = \frac{1}{2\pi}\iiint \frac{\sigma \cos(e-\varepsilon)}{r} g\, dg\, d(e-\varepsilon)\, dc,$$
$$L \cos \varepsilon + M \sin \varepsilon = \frac{1}{2\pi}\iiint \frac{\sigma \sin(e-\varepsilon)}{r} g\, dg\, d(e-\varepsilon)\, dc.$$

[50] In beiden Integralen kommen die Winkel c und ε nur noch in der Verbindung $(e-\varepsilon)$ vor, und diese Grösse kann deshalb nur als die Variable unter dem Integral betrachtet werden. In dem zweiten Integrale heben sich die Theile, in denen $(e-\varepsilon) = \varrho$ ist, gegen die auf, in denen $(e-\varepsilon) = 2\pi - \varrho$, es wird also gleich Null. Setzen wir

$$(7) \quad \psi = -\frac{1}{2\pi}\iiint \frac{\sigma \cos e \cdot g\, dg\, de\, dc}{\sqrt{(z-c)^2 + \chi^2 + g^2 - 2g\chi \cos e}},$$

so wird also
$$M \cos \varepsilon - L \sin \varepsilon = \psi,$$
$$M \sin \varepsilon + L \cos \varepsilon = 0,$$
oder
$$(7\,a) \qquad L = -\psi \sin \varepsilon, \qquad M = \psi \cos \varepsilon.$$

Nennen wir τ die Geschwindigkeit in Richtung des Radius χ, und berücksichtigen, dass in Richtung der Kreisperipherie wegen der symmetrischen Lage der Wirbelringe zur Axe die Geschwindigkeit gleich Null sein muss[27a], so haben wir

$$u = \tau \cos \varepsilon, \qquad v = \tau \sin \varepsilon$$

und nach den Gleichungen (4)

$$u = -\frac{dM}{dz}, \qquad v = \frac{dL}{dz}, \qquad w = \frac{dM}{dx} - \frac{dL}{dy}.$$

Daraus folgt
$$\tau = -\frac{d\psi}{dz}, \qquad w = \frac{d\psi}{d\chi} + \frac{\psi}{\chi},$$
oder
$$(7\,b) \qquad \tau \chi = -\frac{d(\psi \chi)}{dz}, \qquad w \chi = \frac{d(\psi \chi)}{d\chi}.$$

Die Gleichung der Strömungslinien[28] ist also
$$\psi\chi = \text{Const.}$$

Wenn wir die im Werthe ψ angezeigte Integration zunächst für einen Wirbelfaden von unendlich kleinem Querschnitt ausführen, dabei setzen $\sigma\, dg\, dc = m_1$, und den davon herrührenden Theil von ψ mit ψ_{m_1} bezeichnen, so ist

$$-\psi_{m_1} = \frac{m_1}{\pi}\sqrt{\frac{g}{\varkappa}}\left\{\frac{2}{\varkappa}(F-E) - \varkappa F\right\},$$

$$\varkappa^2 = \frac{4g\varkappa}{(g+\chi)^2 + (z-c)^2},$$

worin F und E die ganzen elliptischen Integrale erster und zweiter Gattung für den Modul $\varkappa$ bedeuten[29].

[51] Setzen wir der Kürze wegen

$$U = \frac{2}{\varkappa}(F-E) - \varkappa F,$$

wo U eine Function von $\varkappa$ ist, so ist

$$-\tau\chi = \frac{m_1}{\pi}\sqrt{g\chi}\,\frac{dU}{d\varkappa}\cdot\varkappa\cdot\frac{z-c}{(g+\chi^2)+(z-c)^2}.$$

Befindet sich nun in dem durch χ und z bestimmten Punkte ein zweiter Wirbelfaden m, und nennen wir τ_1 die Geschwindigkeit in Richtung von g, welche er dem Wirbelfaden m_1 mittheilt, so erhalten wir diese, indem wir in dem Ausdrucke für τ

| statt | τ | χ | g | z | c | m_1 |
| setzen | τ_1 | g | χ | c | z | m. |

Dabei bleiben $\varkappa$ und U unverändert, und es wird

(8) $$m\tau\chi + m_1\tau_1 g = 0.$$

Bestimmen wir nun den Werth der der Axe parallelen Geschwindigkeit w, welchen der Wirbelfaden m_1 hervorbringt, dessen Coordinaten g und c sind, so finden wir

$$-w\chi = \frac{1}{2}\frac{m_1}{\pi}\sqrt{\frac{g}{\chi}}\,U + \frac{m_1}{\pi}\sqrt{g\chi}\,\frac{dU}{d\varkappa}\cdot\frac{\varkappa}{2\chi}\cdot\frac{(z-c)^2 + g^2 - \chi^2}{(g+\chi)^2 + (z-c)^2}.$$

Nennt man nun w_1 die der z Axe parallele Geschwindigkeit, welche der Wirbelring m, dessen Coordinaten z und χ sind, am Orte von m_1 hervorbringt, so braucht man dazu nur wieder die vorher schon angezeigte Vertauschung der betreffenden Coordinaten und Massen vorzunehmen. So findet man, dass[30]

(8 a) $\quad 2mw\chi^2 + 2m_1w_1\varrho^2 - 2m\tau\chi z - 2m_1\tau_1\varrho c = -\dfrac{2mm_1}{\pi}\sqrt{\varrho\chi}\,U.$

Aehnliche Summen wie (8) und (8 a) lassen sich für eine beliebig grosse Anzahl von Wirbelringen bilden. Ich bezeichne für den n^{ten} derselben das Product $\sigma dg dc$ mit m_n, die Componenten der Geschwindigkeit, welche ihm von den übrigen Wirbelringen mitgetheilt werden, mit τ_n und w_n, wobei aber vorläufig abgesehen wird von den Geschwindigkeiten, die jeder Wirbelring sich selbst mittheilen kann. Ich nenne ferner den Radius des Ringes ϱ_n und die Entfernung von einer gegen die Axe senkrechten Fläche λ_n, welche beiden letzteren Grössen zwar der Richtung nach mit χ und z übereinstimmen, aber als zu dem bestimmten Wirbelringe gehörig Functionen der Zeit, und nicht unabhängige Variable sind, wie χ und z. Schliesslich sei der Werth [52] von ψ, soweit dieser von den andern Wirbelringen herrührt, ψ_n. Es ergiebt sich aus (8) und (8 a), indem man die entsprechenden Gleichungen für jedes einzelne Paar von Wirbelringen aufstellt und alle addirt[31]:

$$\Sigma[m_n\varrho_n\tau_n] = 0,$$
$$\Sigma[2m_nw_n\varrho_n^2 - 2m_n\tau_n\varrho_n\lambda_n] = \Sigma[m_n\varrho_n\psi_n].$$

So lange man in diesen Summen noch eine endliche Zahl getrennter und unendlich dünner Wirbelringe hat, darf man unter w, τ und ψ nur diejenigen Theile dieser Grössen verstehen, welche von der Anwesenheit der anderen Ringe herrühren. Wenn man aber eine unendlich grosse Anzahl solcher Ringe den Raum continuirlich ausfüllend denkt, ist ψ die Potentialfunction einer continuirlichen Masse, w und τ sind Differentialquotienten dieser Potentialfunction, und es ist bekannt, dass sowohl in einer solchen Function wie in ihren Differentialquotienten die Theile der Function, welche von der Anwesenheit von Masse in einem unendlich kleinen, den betreffenden Punkt, für den die Function bestimmt ist, umgebenden Raum herrühren, unendlich klein sind gegen die von endlichen Massen in endlicher Entfernung herrührenden*).

---

*) S. *Gauss* in Resultate des magnetischen Vereins im Jahre 1839, S. 7.

Verwandeln wir also die Summen in Integrale, so können wir unter w, τ und ψ die ganzen in dem betreffenden Punkte geltenden Werthe dieser Grössen verstehen, und

$$w = \frac{d\lambda}{dt}, \qquad \tau = \frac{d\varrho}{dt}$$

setzen. Die Grösse m ersetzen wir zu diesem Zwecke durch das Product $\sigma\, d\varrho\, d\lambda$.

(9) $$\iint \sigma\varrho \frac{d\varrho}{dt} d\varrho\, d\lambda = 0,$$

(9 a) $$2\iint \sigma\varrho^2 \frac{d\lambda}{dt} d\varrho\, d\lambda - 2\iint \sigma\varrho\lambda \frac{d\varrho}{dt} d\varrho\, d\lambda = \iint \sigma\varrho\, \psi\, d\varrho\, d\lambda.$$

Da das Product $\sigma\, d\varrho\, d\lambda$ gemäss § 2 nach der Zeit constant ist [31a]), so kann die Gleichung (9) nach t integrirt werden, und wir erhalten:

$$\tfrac{1}{2}\iint \sigma\varrho^2 d\varrho\, d\lambda = \text{Const.}$$

Denkt man den Raum durch eine Ebene getheilt, die durch die z Axe geht und daher alle vorhandenen Wirbelringe schneidet, betrachten wir dann σ als die Dichtigkeit einer Massenschicht, und nennen $\mathfrak{M}$ die ganze in dieser [53] Schicht der Ebene aufliegende Masse, also

$$\mathfrak{M} = \iint \sigma\, d\varrho\, d\lambda,$$

und R^2 den mittleren Werth von ϱ^2 für sämmtliche Massenelemente genommen, so ist

$$\iint \sigma\varrho \cdot \varrho\, d\varrho\, d\lambda = \mathfrak{M} R^2,$$

und da dieses Integral und der Werth von $\mathfrak{M}$ der Zeit nach constant sind, so folgt, dass auch R bei der Fortbewegung unverändert bleibt.

Existirt also in der unbegrenzten Flüssigkeitsmasse nur ein kreisförmiger Wirbelfaden von unendlich kleinem Querschnitt, so bleibt dessen Radius unverändert.

Die Grösse der lebendigen Kraft ist nach Gleichung (6c) in unserem Falle

$$K = -h \iiint (L\xi + M\eta)\, da\, db\, dc$$
$$= -h \iiint \psi \sigma \cdot \varrho\, d\varrho\, d\lambda\, d\varepsilon$$
$$= -2\pi h \iint \psi \sigma \cdot \varrho\, d\varrho\, d\lambda.$$

Sie ist ebenfalls der Zeit nach constant[32].

Indem wir ferner bemerken, dass, weil $\sigma\, d\varrho\, d\lambda$ nach der Zeit constant ist,

$$\frac{d}{dt}\iint \sigma \varrho^2 \lambda\, d\varrho\, d\lambda = 2\iint \sigma \varrho \lambda \frac{d\varrho}{dt} d\varrho\, d\lambda + \iint \sigma \varrho^2 \frac{d\lambda}{dt} d\lambda\, d\varrho,$$

so wird die Gleichung (9a), wenn wir mit l den Werth von λ für den Schwerpunkt des Querschnitts des Wirbelfadens bezeichnen, damit (9) multipliciren und addiren:

(9b) $\quad 2\dfrac{d}{dt}\iint \sigma \varrho^2 \lambda\, d\varrho\, d\lambda + 6\iint \sigma \varrho (l-\lambda) \dfrac{d\varrho}{dt} d\varrho\, d\lambda = -\dfrac{K}{2\pi h}.$

Wenn der Querschnitt des Wirbelfadens unendlich klein ist, und ε eine unendlich kleine Grösse derselben Ordnung wie $l - \lambda$ und die übrigen Lineardimensionen des Querschnitts, $\sigma\, d\varrho\, d\lambda$ aber endlich ist, so ist ψ und auch K von derselben Ordnung unendlich grosser Quantitäten, wie $\log \varepsilon$. Für sehr kleine Werthe des Abstands v vom Wirbelringe wird nämlich

$$v = \sqrt{(g-\chi)^2 + (z-c)^2},$$
$$\varkappa^2 = 1 - \frac{v^2}{4g^2},$$
$$\psi_{m_1} = \frac{m_1}{\pi}\log\left(\frac{\sqrt{1-\varkappa^2}}{4}\right) = \frac{m_1}{\pi}\log\frac{v}{8g}\,[33].$$

[54] In dem Werthe von K wird ψ noch mit ϱ oder g multiplicirt. Ist g endlich und v von der gleichen Ordnung mit ε, so ist K von der Ordnung $\log \varepsilon$. Nur wenn g unendlich gross von der Ordnung $\dfrac{1}{\varepsilon}$ ist, wird K unendlich gross, wie $\dfrac{1}{\varepsilon}\log \varepsilon$. Dann geht der Kreis in eine gerade Linie über.

Dagegen wird $\frac{d\varrho}{dt}$, welches gleich $\frac{d\psi}{dz}$ ist, von der Ordnung $\frac{1}{\varepsilon}$, das zweite Integral also endlich und bei endlichem ϱ verschwindend klein gegen $K^{34})$. In diesem Falle können wir im ersten Integrale das constante l statt λ setzen, und erhalten

$$2\frac{d(\mathfrak{M} R^2 l)}{dt} = -\frac{K}{2\pi h}$$

oder

$$2\mathfrak{M} R^2 l = C - \frac{K}{2\pi h} t.$$

Da $\mathfrak{M}$ und R constant sind, kann sich nur l proportional der Zeit ändern. Wenn $\mathfrak{M}$ positiv ist, ist die Bewegung der Wassertheilchen auf der äussern Seite des Ringes nach der Seite der positiven z, auf der innern nach der der negativen z gerichtet; K, h und R sind ihrer Natur nach immer positiv.

Daraus folgt also, dass bei einem kreisförmigen Wirbelfaden von sehr kleinem Querschnitt in einer unendlich ausgedehnten Wassermasse der Schwerpunkt des Querschnitts eine der Axe des Wirbelringes parallele Bewegung hat von annähernd constanter und sehr grosser Geschwindigkeit, die nach derselben Seite hin gerichtet ist, nach welcher das Wasser durch den Ring strömt. Unendlich dünne Wirbelfäden von endlichem Radius würden unendlich grosse Fortpflanzungsgeschwindigkeit erhalten. Ist aber der Radius des Wirbelrings unendlich gross von der Ordnung $\frac{1}{\varepsilon}$, so wird R^2 unendlich gross gegen K, und l wird constant. Der Wirbelfaden, welcher sich nun in eine gerade Linie verwandelt hat, wird stationär, wie wir für geradlinige Wirbelfäden schon früher gefunden haben.

Es lässt sich nun auch im Allgemeinen übersehen, wie sich zwei ringförmige Wirbelfäden, deren Axe dieselbe ist, gegen einander verhalten werden, da jeder, abgesehen von seiner eigenen Fortbewegung, auch der Bewegung der Wassertheilchen folgt, die der andere hervorbringt. Haben sie gleiche Rotationsrichtung, so schreiten sie beide in gleichem Sinne fort, und es wird der vorangehende sich erweitern, dann langsamer fortschreiten, der nachfolgende sich verengern und schneller fortschreiten, schliesslich bei nicht zu differenten Fortpflanzungsgeschwindigkeiten den andern einholen, durch ihn [55] hindurchgehen. Dann wird sich dasselbe Spiel mit dem andern wiederholen, so dass die Ringe abwechselnd einer durch den andern hindurchgehen[35]).

Haben die Wirbelfäden gleiche Radien, gleiche und entgegengesetzte Rotationsgeschwindigkeiten, so werden sie sich einander nähern, und sich gegenseitig erweitern, so dass schliesslich, wenn sie sich sehr nah gekommen sind, ihre Bewegung gegen einander immer schwächer wird, die Erweiterung dagegen mit wachsender Geschwindigkeit geschieht. Sind die beiden Wirbelfäden ganz symmetrisch, so ist in der Mitte zwischen beiden die der Axe parallele Geschwindigkeit der Wassertheilchen gleich Null. Man kann sich hier also eine feste Wand angebracht denken, ohne die Bewegung zu stören, und erhält so den Fall eines Wirbelringes, der gegen eine feste Wand anläuft.

Ich bemerke noch, dass man diese Bewegungen der kreisförmigen Wirbelringe in der Natur leicht studiren kann, indem man eine halb eingetauchte Kreisscheibe, oder die ungefähr halbkreisförmig begrenzte Spitze eines Löffels schnell eine kurze Strecke längs der Oberfläche der Flüssigkeit hinführt, und dann schnell herauszieht. Es bleiben dann halbe Wirbelringe in der Flüssigkeit zurück, deren Axe in der freien Oberfläche liegt. Die freie Oberfläche bildet also eine durch die Axe gelegte Begrenzungsebene der Wassermasse, wodurch an den Bewegungen nichts wesentliches geändert wird. Die Wirbelringe schreiten fort, erweitern sich, wenn sie gegen eine Wand laufen, und werden durch andere Wirbelringe erweitert oder verengert, ganz wie wir es aus der Theorie abgeleitet haben.

Ueber discontinuirliche Flüssigkeitsbewegungen.

Von

H. Helmholtz.

(Monatsberichte d. königl. Akad. d. Wiss. zu Berlin, 1868, S. 215—228.)

Die hydrodynamischen Gleichungen ergeben bekanntlich für das Innere einer incompressiblen Flüssigkeit, die der Reibung nicht unterworfen ist, und deren Theilchen keine Rotationsbewegung besitzen, genau dieselbe partielle Differentialgleichung, welche für stationäre Ströme von Elektricität oder Wärme in Leitern von gleichmässigem Leitungsvermögen besteht. Man könnte also erwarten, dass bei gleicher Form des durchströmten Raumes und gleichen Grenzbedingungen die Strömungsform der tropfbaren Flüssigkeiten, der Elektricität und Wärme bis auf kleine, von Nebenbedingungen abhängige Unterschiede die gleiche sein sollte. In Wirklichkeit aber bestehen in vielen Fällen leicht erkennbare und sehr eingreifende Unterschiede zwischen der Stromvertheilung einer tropfbaren Flüssigkeit und der der genannten Imponderabilien.

Solche Unterschiede zeigen sich namentlich auffallend, wenn die Strömung durch eine Oeffnung mit scharfen Rändern in einen weiteren Raum eintritt. In solchen Fällen strahlen die Stromlinien der Elektricität von der Oeffnung aus sogleich nach allen Richtungen auseinander, während eine strömende Flüssigkeit, Wasser sowohl wie Luft, sich von der Oeffnung aus anfänglich in einem compacten Strahle vorwärts bewegt, der sich dann in geringerer oder grösserer Entfernung in Wirbel aufzulösen pflegt. Die der Oeffnung benachbarten, ausserhalb des Strahles liegenden Theile der Flüssigkeit des grösseren Behälters können dagegen fast vollständig in Ruhe bleiben. Jedermann kennt diese Art der Bewegung, wie sie namentlich ein mit Rauch imprägnirter Luftstrom sehr anschaulich zeigt. In der That kommt die Zusammendrückbarkeit der Luft bei diesen Vorgängen nicht wesentlich in Betracht, und Luft zeigt hierbei mit geringen Abweichungen dieselben Bewegungsformen wie Wasser.

Bei so grossen Abweichungen zwischen der Wirklichkeit und den Ergebnissen der bisherigen theoretischen Analyse mussten die hydrodynamischen Gleichungen den Physikern als eine praktisch sehr unvollkommene Annäherung an die Wirklichkeit erscheinen. Die Ursache davon mochte man in der inneren Reibung der Flüssigkeit vermuthen, obgleich allerlei seltsame und sprungweise eintretende Unregelmässigkeiten, mit denen wohl Jeder zu kämpfen hatte, der Beobachtungen über Flüssigkeitsbewegungen anstellte, nicht einmal durch die jedenfalls stetig und gleichmässig wirkende Reibung erklärt werden konnten.

Die Untersuchung der Fälle, wo periodische Bewegungen durch einen continuirlichen Luftstrom erregt werden, wie zum [217] Beispiel in den Orgelpfeifen, liess mich erkennen, dass eine solche Wirkung nur durch eine discontinuirliche, oder wenigstens einer solchen nahe kommende Art der Luftbewegung hervorgebracht werden könne, und das führte mich zur Auffindung einer Bedingung, die bei der Integration der hydrodynamischen Gleichungen berücksichtigt werden muss, und bisher, so viel ich weiss, übersehen worden ist; bei deren Berücksichtigung dagegen in solchen Fällen, wo die Rechnung durchgeführt werden kann, sich in der That Bewegungsformen ergeben, wie wir sie in Wirklichkeit beobachten. Es ist dies folgender Umstand.

In den hydrodynamischen Gleichungen werden die Geschwindigkeiten und der Druck der strömenden Theilchen als continuirliche Functionen der Coordinaten behandelt. Andererseits liegt in der Natur einer tropfbaren Flüssigkeit, wenn wir sie als vollkommen flüssig, also der Reibung nicht unterworfen betrachten, kein Grund, dass nicht zwei dicht an einander grenzende Flüssigkeitsschichten mit endlicher Geschwindigkeit an einander vorbeigleiten könnten. Wenigstens diejenigen Eigenschaften der Flüssigkeiten, welche in den hydrodynamischen Gleichungen berücksichtigt werden, nämlich die Constanz der Masse in jedem Raumelement und die Gleichheit des Druckes nach allen Richtungen hin, bilden offenbar kein Hinderniss dafür, dass nicht auf beiden Seiten einer durch das Innere gelegten Fläche tangentielle Geschwindigkeiten von endlichem Grössenunterschiede stattfinden könnten. Die senkrecht zur Fläche gerichteten Componenten der Geschwindigkeit und der Druck müssen dagegen natürlich an beiden Seiten einer solchen Fläche gleich sein. Ich habe schon in meiner Arbeit über die Wirbelbewegungen *) darauf aufmerksam gemacht, dass ein solcher Fall eintreten müsse, wenn zwei vorher getrennte und verschieden bewegte Wassermassen mit ihren Oberflächen in Berührung kommen. In jener Arbeit wurde ich auf den Begriff einer solchen **Trennungsfläche** oder **Wirbelfläche**, wie ich sie dort nannte, dadurch geführt, dass ich Wirbelfäden längs einer [218] Fläche continuirlich angeordnet dachte, deren Masse verschwindend klein werden kann, ohne dass ihr Drehungsmoment verschwindet[36].

Nun wird in einer zu Anfang ruhenden oder continuirlich bewegten Flüssigkeit eine endliche Verschiedenheit der Bewegung unmittelbar benachbarter Flüssigkeitstheilchen nur durch discontinuirlich wirkende bewegende Kräfte hervorgebracht werden können. Unter den äusseren Kräften kommt hierbei nur der Stoss in Betracht[37].

Aber es ist auch im Innern der Flüssigkeiten eine Ursache vorhanden, welche Discontinuität der Bewegung erzeugen kann. Der Druck nämlich kann zwar jeden beliebigen positiven Werth annehmen, und die Dichtigkeit der Flüssigkeit wird sich mit ihm immer continuirlich ändern. Aber so wie der Druck den Werth Null überschreiten und negativ werden sollte, wird eine discontinuirliche Veränderung der Dichtigkeit eintreten; die Flüssigkeit wird auseinander reissen.

Nun hängt die Grösse des Drucks in einer bewegten Flüssigkeit von der Geschwindigkeit ab, und zwar ist in incompressibeln Flüssigkeiten die Verminderung des Drucks unter übrigens gleichen Umständen der lebendigen Kraft der bewegten Wassertheilchen direct proportional[38]. Uebersteigt also die letztere eine gewisse Grösse, so muss in der That der Druck negativ werden und die Flüssigkeit zerreissen. An einer solchen Stelle wird die beschleunigende Kraft, welche dem Differentialquotienten des Drucks proportional ist, offenbar discontinuirlich und dadurch die Bedingung erfüllt, welche nöthig ist, um eine discontinuirliche Bewegung der Flüssigkeit hervorzubringen. Die Bewegung der Flüssigkeit an einer

---

*) Journal für die reine und angewandte Mathematik. Band LV.

solchen Stelle vorüber kann nun nur so geschehen, dass sich von dort ab eine Trennungsfläche bildet.

Die Geschwindigkeit, welche das Zerreissen der Flüssigkeit herbeiführen muss, ist diejenige, welche die Flüssigkeit annehmen würde, wenn sie unter dem Drucke, den die Flüssigkeit am gleichen Orte im ruhenden Zustande haben würde, in den leeren Raum ausflösse. Dies ist allerdings eine verhältnissmässig bedeutende Geschwindigkeit; aber es ist wohl zu bemerken, dass, wenn die tropfbaren Flüssigkeiten continuirlich wie [219] Elektricität fliessen sollten, die Geschwindigkeit an jeder scharfen Kante, um welche der Strom herumbiegt, unendlich gross werden müsste.*) Daraus folgt, dass **jede geometrisch vollkommen scharf gebildete Kante, an welcher Flüssigkeit vorbeifliesst, selbst bei der mässigsten Geschwindigkeit der übrigen Flüssigkeit, dieselbe zerreissen und eine Trennungsfläche herstellen muss.** An unvollkommen ausgebildeten, abgerundeten Kanten dagegen wird dasselbe erst bei gewissen grösseren Geschwindigkeiten stattfinden. Spitzige Hervorragungen an der Wand des Strömungscanales werden ähnlich wirken müssen.

Was die Gase betrifft, so tritt bei ihnen derselbe Umstand wie bei den Flüssigkeiten ein, nur dass die lebendige Kraft der Bewegung eines Theilchens nicht direct der Verminderung des Druckes p, sondern mit Berücksichtigung der Abkühlung der Luft bei ihrer Ausdehnung der Grösse p^m proportional ist, wo $m = 1 - \dfrac{1}{\gamma}$, und γ das Verhältniss der specifischen Wärme bei constantem Druck zu der bei constantem Volumen bezeichnet[38]). Für atmosphärische Luft hat der Exponent m den Werth 0,291. Da er positiv und reell ist, so kann p^m, wie p, bei hohen Werthen der Geschwindigkeit nur bis Null abnehmen und nicht negativ werden. Anders wäre es, wenn die Gasarten einfach dem *Mariotte*'schen Gesetze folgten und keine Temperaturveränderungen erlitten. Dann würde statt p^m die Grösse $\log p$ eintreten, welche negativ unendlich werden kann, ohne dass p negativ wird. Unter dieser Bedingung wäre ein Zerreissen der Luftmasse nicht nöthig.

---

*) In der sehr kleinen Entfernung ϱ von einer scharfen Kante, deren Flächen unter dem Winkel α zusammenstossen, werden die Geschwindigkeiten unendlich wie ϱ^{-n}, wo $n = \dfrac{\pi - \alpha}{2\pi - \alpha}$ [30]).

Es gelingt, sich von dem thatsächlichen Bestehen solcher Discontinuitäten zu überzeugen, wenn man einen Strahl mit Rauch imprägnirter Luft aus einer runden Oeffnung oder einem cylindrischen Rohre mit mässiger Geschwindigkeit, so dass kein Zischen entsteht, hervortreten lässt. Unter günstigen Umständen [220] kann man dünne Strahlen der Art von einer Linie Durchmesser in einer Länge von mehreren Fuss erhalten. Innerhalb der cylindrischen Oberfläche ist die Luft dann in Bewegung mit constanter Geschwindigkeit, ausserhalb dagegen selbst in allernächster Nähe des Strahls gar nicht oder kaum bewegt. Sehr deutlich sieht man diese scharfe Trennung auch, wenn man einen ruhig fliessenden cylindrischen Luftstrahl durch die Spitze einer Flamme leitet, aus der er dann ein genau abgegrenztes Stück herausschneidet, während der Rest der Flamme ganz ungestört bleibt, und höchstens eine sehr dünne Lamelle, die den durch Reibung beeinflussten Grenzschichten entspricht, ein wenig mitgenommen wird[40].

Was die mathematische Theorie dieser Bewegungen betrifft, so habe ich die Grenzbedingungen für eine innere Trennungsfläche der Flüssigkeit schon angegeben. Sie bestehen darin, dass der Druck auf beiden Seiten der Fläche gleich sein muss, und ebenso die normal gegen die Trennungsfläche gerichtete Componente der Geschwindigkeit. Da nun die Bewegung im ganzen Innern einer incompressiblen Flüssigkeit, deren Theilchen keine Rotationsbewegung haben, vollständig bestimmt ist, wenn die Bewegung ihrer ganzen Oberfläche und ihre inneren Discontinuitäten gegeben sind, so handelt es sich bei äusserer fester Begrenzung der Flüssigkeit der Regel nach nur darum, die Bewegung der Trennungsfläche und die Veränderungen der Dicontinuität an derselben kennen zu lernen.

Es kann nun eine solche Trennungsfläche mathematisch gerade so behandelt werden, als wäre sie eine Wirbelfläche, das heisst, als wäre sie mit Wirbelfäden von unendlich geringer Masse, aber endlichem Drehungsmoment continuirlich belegt. In jedem Flächenelement einer solchen wird es eine Richtung geben, nach welcher genommen die Componenten der tangentiellen Geschwindigkeiten gleich sind. Diese giebt zugleich die Richtung der Wirbelfäden an der entsprechenden Stelle. Das Moment dieser Fäden ist proportional zu setzen dem Unterschiede, welchen die dazu senkrechten Componenten der tangentiellen Geschwindigkeit an beiden Seiten der Fläche zeigen[36].

Die Existenz solcher Wirbelfäden ist für eine ideale, nicht reibende Flüssigkeit eine mathematische Fiction, welche die [221] Integration erleichtert. In einer wirklichen, der Reibung unterworfenen Flüssigkeit wird jene Fiction schnell eine Wirklichkeit, indem durch die Reibung die Grenztheilchen in Rotation versetzt werden, und somit dort Wirbelfäden von endlicher, allmählich wachsender Masse entstehen, während die Discontinuität der Bewegung dadurch gleichzeitig ausgeglichen wird.

Die Bewegung einer Wirbelfläche und der in ihr liegenden Wirbelfäden ist nach den in meiner Arbeit über die Wirbelbewegungen festgestellten Regeln zu bestimmen. Die mathematischen Schwierigkeiten dieser Aufgabe lassen sich freilich erst in wenigen der einfacheren Fälle überwinden. In vielen andern Fällen kann man dagegen aus der angegebenen Betrachtungsweise Schlüsse wenigstens auf die Richtung der eintretenden Veränderung ziehen.

Namentlich ist zu erwähnen, dass, gemäss dem für Wirbelbewegungen erwiesenen Gesetze, die Fäden und mit ihnen die Wirbelfläche im Innern einer nicht reibenden Flüssigkeit nicht entstehen und nicht verschwinden können, vielmehr jeder Wirbelfaden constant das gleiche Rotationsmoment behalten muss; ferner, dass die Wirbelfäden längs einer Wirbelfläche selbst fortschwimmen mit der Geschwindigkeit, welche das Mittel aus den an beiden Seiten der Fläche bestehenden Geschwindigkeiten ist[36]. Daraus folgt, dass eine Trennungsfläche sich immer nur nach der Richtung hin verlängern kann, nach welcher der stärkere von den beiden in ihr sich berührenden Strömen gerichtet ist.

Ich habe zunächst gesucht, Beispiele von unverändert bestehenden Trennungsflächen in stationären Strömungen zu finden, bei denen die Integration ausführbar ist, um daran zu prüfen, ob die Theorie Stromesformen ergiebt, die der Erfahrung besser entsprechen, als wenn man die Discontinuität der Bewegung unberücksichtigt lässt. Wenn eine Trennungsfläche, die ruhendes und bewegtes Wasser von einander scheidet, stationär bleiben soll, so muss längs derselben der Druck in der bewegten Schicht derselbe sein, wie in der ruhenden, woraus folgt, dass die tangentielle Geschwindigkeit der Wassertheilchen in ganzer Ausdehnung der Fläche constant sein muss[41]; ebenso die Dichtigkeit der fingirten Wirbelfäden. Anfang und Ende einer solchen [222] Fläche können nur an der Wand des Gefässes oder in der Unendlichkeit liegen. Wo ersteres der Fall ist, müssen sie die Wand des Gefässes tangiren, vorausgesetzt, dass diese hier stetig gekrümmt ist, weil die zur Gefässwand normale Geschwindigkeitscomponente gleich Null sein muss.

Die stationären Formen der Trennungsflächen zeichnen sich übrigens, wie Versuch und Theorie übereinstimmend erkennen lassen, durch einen auffallend hohen Grad von Veränderlichkeit bei den unbedeutendsten Störungen aus, so dass sie sich Körpern, die in labilem Gleichgewicht befindlich sind, einigermaassen ähnlich verhalten. Die erstaunliche Empfindlichkeit eines mit Rauch imprägnirten cylindrischen Luftstrahls gegen Schall ist von Herrn *Tyndall* schon beschrieben worden[42]; ich habe dieselbe bestätigt gefunden. Es ist dies offenbar eine Eigenschaft der Trennungsflächen, die für das Anblasen der Pfeifen von grösster Wichtigkeit ist.

Die Theorie lässt erkennen, dass überall, wo eine Unregelmässigkeit an der Oberfläche eines übrigens stationären Strahls gebildet wird, diese zu einer fortschreitenden spiraligen Aufrollung des betreffenden (übrigens am Strahle fortschreitenden) Theils der Fläche führen muss[43]. Dies Streben nach spiraliger Aufrollung bei jeder Störung ist übrigens an den beobachteten Strahlen leicht zu bemerken. Der Theorie nach könnte ein prismatischer oder cylindrischer Strahl unendlich lang sein. Thatsächlich lässt sich ein solcher nicht herstellen, weil in einem so leicht beweglichen Elemente, wie die Luft ist, kleine Störungen nie ganz zu beseitigen sind.

Dass ein solcher unendlich langer cylindrischer Strahl, der aus einer Röhre von entsprechendem Querschnitt in ruhende äussere Flüssigkeit austritt, und überall mit gleichmässiger Geschwindigkeit seiner Axe parallel bewegte Flüssigkeit enthält, den Bedingungen des stationären Zustandes entspricht, ist leicht einzusehen[43a].

Ich will hier nur noch die mathematische Behandlung eines Falls entgegengesetzter Art, wo der Strom aus einem weiten Raum in einen engen Canal übergeht, skizziren, um daran auch gleichzeitig ein Beispiel zu geben für eine Methode, durch [223] welche einige Probleme der Lehre von den Potentialfunctionen gelöst werden können, die bisher Schwierigkeiten machten[44].

Ich beschränke mich auf den Fall, wo die Bewegung stationär ist, und nur von zwei rechtwinkligen Coordinaten x, y abhängig, wo ferner von Anfang an in der reibungsfreien

Flüssigkeit keine rotirenden Theilchen vorhanden sind, und sich also auch keine solchen bilden können. Bezeichnen wir für das im Punkte (x, y) befindliche Flüssigkeitstheilchen die den x parallele Geschwindigkeitscomponente mit u, die den y parallele mit v, so lassen sich bekanntlich zwei Functionen von x und y in der Weise finden, dass [45])

(1) $$\begin{cases} u = \dfrac{d\varphi}{dx} = \dfrac{d\psi}{dy}, \\ v = \dfrac{d\varphi}{dy} = -\dfrac{d\psi}{dx}. \end{cases}$$

Durch diese Gleichungen wird auch unmittelbar im Innern der Flüssigkeit die Bedingung erfüllt, dass die Masse in jedem Raumelement constant bleibe, nämlich

(1 a) $$\frac{du}{dx} + \frac{dv}{dy} = \frac{d^2\varphi}{dx^2} + \frac{d^2\varphi}{dy^2} = \frac{d^2\psi}{dx^2} + \frac{d^2\psi}{dy^2} = 0.$$

Der Druck im Innern wird bei der constanten Dichtigkeit h, und wenn das Potential der äusseren Kräfte mit V bezeichnet wird, gegeben durch die Gleichung:

(1 b) $$\begin{cases} V - \dfrac{p}{h} + C = \tfrac{1}{2}\left[\left(\dfrac{d\varphi}{dx}\right)^2 + \left(\dfrac{d\varphi}{dy}\right)^2\right] \\ \qquad\qquad = \tfrac{1}{2}\left[\left(\dfrac{d\psi}{dx}\right)^2 + \left(\dfrac{d\psi}{dy}\right)^2\right]. \end{cases}$$

Die Curven
$$\psi = \text{Const.}$$
sind die Strömungslinien[22]) der Flüssigkeit, und die Curven
$$\varphi = \text{Const.}$$
sind orthogonal zu ihnen. Letztere sind die Curven gleichen Potentials, wenn Elektricität, oder gleicher Temperatur, wenn [224] Wärme in Leitern von constantem Leitungsvermögen in stationärem Strome fliesst.

Aus den Gleichungen (1) folgt als Integralgleichung, dass die Grösse $\varphi + \psi i$ eine Function sei von $x + yi$ (wo $i = \sqrt{-1}$). Die bisher gefundenen Lösungen drücken in der Regel φ und ψ als eine Summe von Gliedern aus, die selbst Functionen von x und y sind. Aber auch umgekehrt kann man $x + yi$ als Function von $\varphi + \psi i$ betrachten und entwickeln.

Bei den Aufgaben über Strömung zwischen zwei festen Wänden ist ψ längs der Grenzen constant, und stellt man also φ und ψ als rechtwinklige Coordinaten in einer Ebene dar, so hat man in einem von zwei parallelen geraden Linien $\psi = c_0$ und $\psi = c_1$ begrenzten Streifen dieser Ebene die Function $x + yi$ so zu suchen, dass sie am Rande der Gleichung der Wand entspricht, im Innern gegebene Unstetigkeiten annimmt[46]).

Ein Fall dieser Art ist, wenn wir setzen:

(2) $$x + yi = A\{\varphi + \psi i + e^{\varphi + \psi i}\}$$

oder

$$x = A\varphi + Ae^\varphi \cos \psi,$$
$$y = A\psi + Ae^\varphi \sin \psi.$$

Für den Werth $\psi = \pm \pi$ wird y constant und

$$x = A\varphi - Ae^\varphi.$$

Wenn φ von $-\infty$ bis $+\infty$ läuft, geht x gleichzeitig von $-\infty$ bis $-A$ und dann wieder zurück zu $-\infty$. Die Stromcurven $\psi = \pm \pi$ entsprechen also der Strömung längs zweier gerader Wände für die $y = \pm A\pi$ und x zwischen $-\infty$ und $-A$ läuft[47]).

Die Gleichung (2) entspricht also, wenn wir ψ als Ausdruck der Stromescurven betrachten, der Strömung aus einem durch zwei parallele Ebenen begrenzten Canal in den unendlichen Raum hinein. Am Rande des Canals aber, wo $x = -A$ und $y = \pm A\pi$, wo ferner

$$\varphi = 0 \text{ und } \psi = \pm \pi$$

ist, wird

[**225**] $$\left(\frac{dx}{d\varphi}\right)^2 + \left(\frac{dy}{d\varphi}\right)^2 = 0,$$

also

$$\left(\frac{d\varphi}{dx}\right)^2 + \left(\frac{d\varphi}{dy}\right)^2 = \infty\ ^{48}).$$

Elektricität und Wärme können so strömen; tropfbare Flüssigkeit muss aber zerreissen.

Sollen vom Rande des Canals stationäre Trennungslinien ausgehen, welche natürlich Fortsetzungen der längs der Wand verlaufenden Strömungslinien $\psi = \pm \pi$ werden, und soll ausserhalb dieser Trennungslinien, die die strömende Flüssigkeit begrenzen, Ruhe stattfinden, so muss der Druck auf beiden Seiten der Trennungslinien gleich sein. Das heisst, es muss längs derjenigen Theile der Linien $\psi = \pm \pi$, welche den freien Trennungslinien entsprechen, gemäss (1 b) sein:

$$(3) \qquad \left(\frac{d\varphi}{dx}\right)^2 + \left(\frac{d\varphi}{dy}\right)^2 = \text{Const.}$$

Um nun die Grundzüge der in Gleichung (2) gegebenen Bewegung beizubehalten, setzen wir zu obigem Ausdrucke von $x + yi$ noch ein Glied $\sigma + \tau i$ hinzu, welches ebenfalls eine Function von $\varphi + \psi i$ ist.

Wir haben dann

$$(3\,\text{a}) \qquad \begin{cases} x = A\varphi + Ae^\varphi \cos\psi + \sigma, \\ y = A\psi + Ae^\varphi \sin\psi + \tau \end{cases}$$

und müssen $\sigma + \tau i$ so bestimmen, dass längs des freien Theils der Trennungsflächen $\psi = \pm \pi$ werde:

$$\left(A - Ae^\varphi + \frac{d\sigma}{d\varphi}\right)^2 + \left(\frac{d\tau}{d\varphi}\right)^2 = \text{Const.}$$

Diese Bedingung wird erfüllt, wenn wir eben daselbst machen, dass

$$(3\,\text{b}) \qquad \frac{d\sigma}{d\varphi} = 0 \ \text{ oder } \sigma = \text{Const.}$$

und

$$(3\,\text{c}) \qquad \frac{d\tau}{d\varphi} = \pm A\sqrt{2e^\varphi - e^{2\varphi}}.$$

Da ψ längs der Wand constant ist, können wir die letzte Gleichung nach φ integriren und das Integral in eine Function von $\varphi + \psi i$ verwandeln, indem wir statt φ überall setzen $\varphi + i(\psi \mp \pi)$. So erhalten wir bei passender Bestimmung der Integrationsconstante [49]:

$$(3\,\text{d}) \qquad \begin{cases} \sigma + \tau i = Ai \left\{ \sqrt{-2e^{\varphi + \psi i} - e^{2\varphi + 2\psi i}} \right. \\ \left. \qquad - 2 \arcsin\left[\frac{i}{\sqrt{2}} e^{\frac{1}{2}(\varphi + \psi i)}\right] \right\}. \end{cases}$$

Die Verzweigungspunkte dieses Ausdrucks liegen, wo $e^{\varphi + \psi i} = -2$, das heisst, wo $\psi = \pm(2\mathfrak{a}+1)\pi$ und $\varphi = \log 2$ ist. Also liegt keiner im Innern des Intervalls von $\psi = +\pi$ bis $\psi = -\pi$. Die Function $\sigma + \tau i$ ist hier continuirlich.

Längs der Wand[50] wird

$$\sigma + \tau i = \pm Ai\left\{\sqrt{2e^\varphi - e^{2\varphi}} + 2\arcsin\left[\frac{1}{\sqrt{2}}e^{\frac{1}{2}\varphi}\right]\right\}.$$

Wenn $\varphi < \log 2$, so ist dieser ganze Werth rein imaginär, also $\sigma = 0$, während $\dfrac{d\tau}{d\varphi}$ den oben in (3 c) vorgeschriebenen Werth erhält. Dieser Theil der Linien $\psi = \pm \pi$ entspricht also dem freien Theile des Strahls.

Wenn $\varphi > \log 2$, wird der ganze Ausdruck bis auf den Summanden $\pm Ai\pi$ reell, welcher letztere sich zum Werthe von τi, beziehlich yi hinzufügt.

Die Gleichungen (3 a) und (3 d) entsprechen also der Ausströmung aus einem unbegrenzten Becken in durch zwei Ebenen begrenzten Canal, dessen Breite $4A\pi$ ist, dessen Wände von $x = -\infty$ bis $x = -A(2 - \log 2)$ reichen. Die freie Trennungslinie der strömenden Flüssigkeit krümmt sich von der Kante der Oeffnung zunächst noch ein wenig gegen die Seite der positiven x hin, wo sie für $\varphi = 0$, $x = -A$ und $y = \pm A(\tfrac{3}{2}\pi + 1)$ [**227**] ihre grössten x-Werthe erreichen, um sich dann in das Innere des Canals hineinzuwenden, und zuletzt asymptotisch den beiden Linien $y = \pm A\pi$ zu nähern, so dass schliesslich die Breite des ausfliessenden Strahles nur der halben Breite des Canals gleich wird[51].

Die Geschwindigkeit längs der Trennungsfläche und im geraden Ende des ausfliessenden Strahles ist $\dfrac{1}{A}$. Längs der festen Wand und im Innern der Flüssigkeit ist sie überall kleiner als $\dfrac{1}{A}$, so dass diese Bewegungsform bei jeder Grösse der Ausflussgeschwindigkeit stattfinden kann.

Ich hebe an diesem Beispiele namentlich hervor, wie es zeigt, dass die Form des Flüssigkeitsstroms in einer Röhre auf sehr lange Strecken hin durch die Form des Anfangsstücks bestimmt sein kann.

Zusatz, elektrische Vertheilung betreffend.

Wenn man in der Gleichung (2) die Grösse ψ als das Potential von Elektricität betrachtet, so ergiebt sich hier die Vertheilung der Elektricität in der Nähe des Randes zweier ebener und sehr naher Scheiben, vorausgesetzt, dass ihr Abstand als verschwindend klein gegen den Krümmungshalbmesser ihrer Randcurven betrachtet werden kann. Es ist das eine sehr einfache Lösung der Aufgabe, welche Herr *Clausius**) behandelt hat. Sie ergiebt übrigens dieselbe Vertheilung der Elektricität, wie er sie gefunden hat, wenigstens soweit dieselbe von der Krümmung des Randes abhängig ist [52].

Ich will noch hinzufügen, dass dieselbe Methode genügt, um auch auf zwei parallelen, unendlich langen ebenen Streifen, deren vier Kanten im Querschnitt die Ecken eines Rechtecks bilden, die Vertheilung der Elektricität zu finden. Die Potentialfunction ψ derselben wird gegeben durch eine Gleichung von der Form: [228]

$$(4) \qquad x + yi = A(\varphi + \psi i) + B \frac{1}{H(\varphi + \psi i)},$$

wo $H(u)$ die von *Jacobi* in den Fundamenta nova p. 172 als Zähler von sin *am u* entwickelte Function bezeichnet. Die belegten Streifen entsprechen nach dortiger Bezeichnung dem Werthe $\varphi = \pm 2K$, wobei $x = \pm 2AK$ den halben Abstand der Streifen ergiebt, während vom Verhältniss der Constanten A und B die Breite der Streifen abhängt.

Die Form der Gleichungen (2) und (4) lässt erkennen, dass φ und ψ als Functionen von x und y nur durch äusserst complicirte Reihenentwickelungen auszudrücken sein können.

---

*) *Poggendorff*'s Annalen Bd. LXXXVI.

Anmerkungen.

Notizen über Helmholtz' Leben und Werke.

Ueber den Lebensgang des grossen Forschers, dessen berühmte Abhandlung über die Erhaltung der Kraft die vorliegende Sammlung der Klassiker eröffnet hat, sowie über seine wissenschaftlichen Leistungen mögen folgende Angaben hier Platz finden.

Hermann von Helmholtz, am 31. August 1821 zu Potsdam, wo sein Vater Gymnasiallehrer war, geboren, wandte sich, nachdem er das Gymnasium absolvirt hatte, auf dem Friedrich Wilhelms-Institut zu Berlin, einer militärärztlichen Bildungsanstalt, dem Studium der Medicin zu und wurde 1842 Militärarzt in Potsdam. Die von ihm veröffentlichten wissenschaftlichen Arbeiten, insbesondere die oben erwähnte Schrift, die 1847 erschien, eröffneten ihm eine rein wissenschaftliche Laufbahn. Er wurde 1848 Assistent am anatomischen Museum in Berlin und Lehrer der Anatomie an der dortigen Kunstschule, 1849 Professor der Physiologie und allgemeinen Pathologie in Königsberg i. Pr., siedelte 1856 nach Bonn und 1858 als Professor der Physiologie nach Heidelberg über. Im Jahre 1871 übernahm er als Nachfolger von *Magnus* die Professur der Physik in Berlin und vertauschte schliesslich diese Stellung mit dem Präsidium der physikalisch-technischen Reichsanstalt. Nebenbei setzte er seine Vorlesungen an der Universität fort. Er starb am 8. September 1894. Von den äusseren Ehren, die ihm in reichlichstem Maasse zu Theil geworden sind, sei hier nur die 1883 erfolgte Verleihung des erblichen Adels erwähnt.

Helmholtz war nicht nur einer der vielseitigsten und kenntnissreichsten Gelehrten der Neuzeit, er gehörte zu den grössten und tiefsten Forschern aller Zeiten, zu denen, die der Wissenschaft neue Bahnen gewiesen haben. Bahnbrechend war schon die Eingangs citirte kleine Schrift. War doch mit dem Gesetze von der Erhaltung der Energie das Band gefunden, das die verschiedenartigsten Naturkräfte mit einander verknüpft. Nach Veröffentlichung dieser Arbeit wandte sich *Helmholtz* wieder physiologischen Untersuchungen zu. Von den Resultaten seiner Forschungen seien hier nur erwähnt: die Messung der Fortpflanzungsgeschwindigkeit des Nervenreizes, die Erfindung des Augenspiegels, seine Studien über Farbenmischung und Farbenempfindung, die Begründung der Theorie von der Entstehung der räumlichen Vorstellungen. Eine Zusammenstellung seiner eignen, der Erforschung des Gesichtssinnes gewidmeten Arbeiten, wie alles sonst in diesem Gebiete Bekannten enthält sein grosses Werk, das Handbuch der physiologischen Optik (Leipzig 1856—1867; eine zweite Auflage, deren erste Lieferung 1885 erschienen, ist noch nicht vollendet). Diesem Werke folgte 1862 das noch bekanntere, in vier Auflagen erschienene: die Lehre von den Tonempfindungen. In beiden Werken werden nicht nur die rein physiologischen, sondern auch die einschlägigen physikalischen Fragen aufs eingehendste behandelt, und das Studium dieser Fragen führte *Helmholtz* ganz der Physik, der seine wichtigsen Arbeiten angehören, zu. Besonders waren es Probleme der theoretischen Physik, in denen er seine Meisterschaft zeigte. Seine ersten hierher gehörigen Arbeiten betrafen die Hydrodynamik, Aerodynamik und Akustik; ihnen folgten von 1870 ab Untersuchungen über Elektrodynamik, ferner über verschiedene Fragen der Optik und Thermodynamik. Wir müssen uns mit dieser Aufzählung der Disciplinen, in denen er gearbeitet hat, begnügen; eine Würdigung der einzelnen Leistungen würde hier zu weit führen.

Neben der Physik waren seine Forschungen der Erkenntnisstheorie gewidmet. Schon seit den fünfziger Jahren hatte er die Natur der menschlichen Sinnesempfindungen zu ergründen gesucht. Er war dabei zu der Ansicht gelangt, dass die Sinnesempfindungen für unser Bewusstsein nur Zeichen der äusseren Dinge und Vorgänge sind, und diese Anschauung führte ihn zu seiner wichtigen Untersuchung über die Grundlagen der Geometrie (1868). Wie hier, trat er auch in Bezug auf die Axiome der Arithmetik in einer 1887 zu *Zeller*'s Jubiläum veröffentlichten Schrift (»Zählen und Messen, erkenntnisstheoretisch betrachtet«) gegen die *Kant*'sche

Anschauung von der Transcendenz vom Raum und Zeit auf. Doch nicht nur die Grundlagen der reinen Mathematik, auch die der Mechanik und damit die der Physik zog er in den Kreis seiner Betrachtungen. Die Arbeiten der letzten zehn Jahre seines Lebens sind, neben einigen bedeutsamen Abhandlungen über die Bewegung der Atmosphäre, hauptsächlich der Erörterung und Ausgestaltung der Principien der Mechanik gewidmet.

Helmholtz' wissenschaftliche Abhandlungen, ursprünglich in den verschiedensten Journalen, resp. Akademieschriften veröffentlicht, sind in drei Bänden gesammelt; die beiden ersten Bände sind 1882 und 1883, der dritte 1895 nach des Meisters Tode, erschienen. Nicht aufgenommen sind in diese Sammlung die beiden oben genannten Werke, ferner die akademischen Reden und die populärwissenschaftlichen Vorträge; letztere bilden den Inhalt einer besonderen Sammlung, die 1884 in dritter Auflage erschienen ist. Wer sich über die wissenschaftlichen Leistungen von *Helmholtz* näher unterrichten will, ist auf die Gedächtnissrede von *W. v. Bezold* (Leipzig 1895), ferner auf die von *G. Wiedemann* verfasste Einleitung zu Band III der gesammelten Abhandlungen, endlich auf die Schrift von *Königsberger*: »Hermann v. Helmholtz' Untersuchungen über die Grundlagen der Mathematik und Mechanik« (Leipzig 1896) zu verweisen.

Allgemeine Bemerkungen über die in diesem Bande abgedruckten Abhandlungen.

Durch die beiden hier wieder abgedruckten Arbeiten, deren erste 1858 im 55. Bande des von *Crelle* gegründeten Journals für die reine und angewandte Mathematik, deren zweite 1868 in den Monatsberichten der Berliner Akademie veröffentlicht ist, hat *Helmholtz* der Hydrodynamik neue Gebiete erschlossen und uns Bewegungen der Flüssigkeiten kennen gelehrt, die vorher nicht bekannt waren. Während man bis dahin fast nur solche Probleme der Hydrodynamik behandelt hatte, bei denen ein Geschwindigkeitspotential existirt, untersuchte *Helmholtz* in der ersten unserer Abhandlungen als Erster allgemein die Formen der Flüssigkeitsbewegung, die eintreten, wenn kein Geschwindigkeitspotential existirt. Durch Betrachtung der Veränderung, welche ein unendlich kleines Flüssigkeitsvolumen in einem unendlich kleinen Zeittheilchen erleidet, fand er, dass das Charakteristische der sogenannten Potentialbewegung der Flüssigkeit darin besteht, dass kein Flüssigkeitstheilchen eine Rotation besitzt, während für die Bewegung rotirender Flüssigkeitstheilchen ein Geschwindigkeitspotential nicht vorhanden ist. Erweiterte schon dies Resultat unsere Einsicht in das Wesen der Flüssigkeitsbewegung erheblich, so war das noch mehr der Fall durch die allgemeinen Sätze, die *Helmholtz* hinsichtlich der Bewegung ohne Geschwindigkeitspotential, welche er als Wirbelbewegungen bezeichnet, aufstellte. Durch die Analogie, die er zwischen den Wirbelbewegungen des Wassers und den magnetischen Wirkungen elektrischer Ströme fand, machte er die neue Art der Bewegung der Vorstellung zugänglich. Auch die am Schluss durchgeführten Beispiele, die sich auf die Bewegung geradliniger und kreisförmiger Wirbelfäden beziehen, dienen dazu, ein anschauliches Bild der in Rede stehenden Bewegungen zu geben.

Die Wichtigkeit der eben besprochenen Arbeit erhellt aus der umfangreichen Litteratur, die sich an dieselbe angeschlossen hat, aus der grossen Zahl von Autoren, die das von *Helmholtz* neu erschlossene Gebiet weiter bearbeitet haben. Wir nennen unter diesen nur *Hankel* (vgl. die folgende Anmerkung 3) S. 56), *Beltrami* [Memor. di Bologna (3) I—IV, 1872—1875], *W. Thomson* [Philos. Magaz. (4) 34, 1867, (5) 10, 1880; Trans. Roy. Soc. of Edinb. 25, 1869], *J. J. Thomson* (A treatise on the motion of vortex rings, 1883). Einige andere Abhandlungen, z. B. von *Greenhill*, *Coates*, *Gröbli*, werden in den folgenden Anmerkungen Erwähnung finden. Die eben angeführten Untersuchungen von *W. Thomson* (jetzt Lord *Kelvin*) sind dadurch von besonderer Wichtigkeit, dass dieser Gelehrte durch das Studium der Gesetze der Wirbelbewegung auf die Annahme geführt ist, dass die Atome die Gestalt von Wirbelringen haben. Wiewohl diese Annahme höchst hypothetischer Natur ist, hat dieselbe doch einerseits dadurch Interesse, dass sie die Anschauung von der Continuität der Materie mit der atomistischen Hypothese vereinigt, andererseits dadurch, dass sie die Möglichkeit zeigt, unvermittelte Fernwirkungen aus der Physik fortzuschaffen.

Auch durch die zweite Abhandlung ist der Hydrodynamik eine neue Klasse von Problemen erschlossen, auch an sie knüpft eine umfangreiche Litteratur an. In ihr werden zum ersten Male die Bedingungen für die Bildung von Strahlen innerhalb einer Flüssigkeit erörtert. *Helmholtz* fand, dass für diese Erscheinung die Entstehung von Discontinuitätsflächen charakteristisch ist. Die Möglichkeit solcher Flächen, längs welcher die tangentiale Geschwindigkeitscomponente sich discontinuirlich ändert, ist in der ersten unserer Arbeiten bei der Betrachtung der Wirbelflächen dargethan, und in so fern hängen beide Arbeiten eng zusammen. Doch wird hier von dem Vorhandensein von Wirbeln Abstand genommen und nur die Discontinuität der Bewegung in Betracht gezogen. Allerdings gelingt es nicht, beliebige Aufgaben, bei denen derartige Bewegungen auftreten, zu lösen; man muss sich vielmehr darauf beschränken, mögliche Bewegungen analytisch darzustellen, und hinterher untersuchen, welchen concreten Fällen die gefundenen Lösungen entsprechen. Weiter ist auch diese Darstellung nur unter bestimmten Voraussetzungen möglich. Es muss die Annahme gemacht werden, dass keine äusseren Kräfte wirken, dass ferner die Bewegung zu den Potentialbewegungen gehört und stationär ist, dass dieselbe endlich nur von zwei Coordinaten abhängt. In mathematischer Hinsicht ist der Zusammenhang der hierher gehörigen Probleme mit der Theorie der conformen Abbildung von Interesse.

Die eben erwähnten beschränkenden Annahmen haben auch die Autoren beibehalten, die im Anschluss an *Helmholtz* weitere Probleme der Strahlbildung behandelt haben. Wir nennen unter ihnen *Kirchhoff* (*Crelle*'s Journ. f. Mathem. **70**, 1869), Lord *Rayleigh* (Phil. Mag. [5] **2**, 1876), der zeigte, wie sich aus *Kirchhoff*'s Resultaten die contractio venae ergiebt, *Planck* (*Wiedemann* Ann. [2] XXI, 1884), *W. Voigt* (Götting. Nachr. 1885 und Mathem. Annal. **28**, sowie Götting. Nachr. 1892). Endlich ist noch eine Arbeit von *Weingarten* (Götting. Nachr. 1890) zu erwähnen, in der die Voraussetzung, dass die Bewegung nur von zwei Coordinaten abhängt, fallen gelassen ist. —

Dem Neudruck beider Abhandlungen sind die Originale zu Grunde gelegt; doch sind einige Aenderungen, welche die gesammelten Abhandlungen enthalten, berücksichtigt, z. B. die Hinzufügung der Ueberschriften der einzelnen Paragraphen in der ersten Arbeit. Einzelne Druckfehler, die sofort als solche zu erkennen waren, sind bei dem Abdruck verbessert. Ueber einige andere Aenderungen, die sich als erforderlich herausstellten, ist in den folgenden speciellen Noten Näheres angegeben. — Hinsichtlich der Schreibweise der Formeln ist keine Aenderung vorgenommen, obwohl jetzt allgemein eine andere Bezeichnung der partiellen Ableitungen üblich ist als die von *Helmholtz* benutzte.

Specielle Noten und Erläuterungen zum Text.
I. Wirbelbewegungen.

1) *Zu S. 3.* Der Begriff des Geschwindigkeitspotentials findet sich, wie auch im Text angegeben ist, schon bei *Lagrange*, der Name wird hier von *Helmholtz* neu eingeführt in Analogie der von *Gauss* eingeführten Bezeichnung Potential (vgl. Heft 2 der Klassiker); die unter dem Text citirte Ausgabe von *Lagrange*'s Mécanique analytique ist die zweite; die erste ist 1788 erschienen. — Der Titel der angeführten *Euler*'schen Arbeit ist: Principes généraux du mouvement des fluides.

2) *Zu S. 4.* Ueber den Einfluss der Reibung auf die Bewegung der Flüssigkeiten ist seit der Veröffentlichung der vorliegenden Abhandlung eine grössere Zahl eingehender experimenteller und theoretischer Untersuchungen angestellt, so namentlich von *Helmholtz* und *Piotrowsky* (Wien. Sitzungsber. **40**, 1860), von *Stefan* (Wien. Sitzungsber. **46**, 1862), *O. E. Meyer* (*Crelle*'s Journ. Bd. **59, 73, 75**, *Poggendorff*'s Annalen **113, 143**), *Maxwell* (Philosoph. Transact. 1866), *Boussinesq* (Liouville J. 1868) u. A. — Es mag noch bemerkt werden, dass die allgemeinen Bewegungsgleichungen für eine zähe (d. h. der Reibung unterworfene) Flüssigkeit schon von *Navier* (Mém. de l'Acad. de Paris, **6**, 1823), *Poisson* (Journ. de l'École. Polyt. Cahier **20**, 1831) und *Stokes* (Cambr. Phil. Trans. VIII, 1844) aufgestellt sind, und dass der letztgenannte Autor jene Gleichungen bereits auf die Bewegung einer Pendelkugel in der Luft angewandt hat (Cambr. Trans. IX, 1851).

3) *Zu S. 6.* Die hier zu Grunde gelegten Gleichungen, deren Ableitung man in allen Lehrbüchern der Mechanik findet, sind die sogenannten *Euler*'schen Gleichungen. Durch dieselben werden die Geschwindigkeit und der Druck der Flüssigkeit als Functionen des Ortes und der Zeit bestimmt. Eine zweite Form, die man den hydrodynamischen Gleichungen geben kann, dient dazu, die Coordinaten eines bestimmten Wassertheilchens als Functionen seiner Anfangslage und der Zeit zu ermitteln. Auch diese zweite Form, die man gewöhnlich

als die *Lagrange*'sche Form jener Gleichungen bezeichnet, rührt von *Euler* her (Nov. Comment. Acad. Petropol. 14, 1769. Diese Arbeit wird fälschlicherweise stets als aus dem Jahre 1759 herstammend citirt, und zwar in Folge eines Druckfehlers auf dem Titel des betreffenden Bandes. Band 14 gehört dem Jahre 1769 zu und ist 1770 erschienen).

Dass sich die Theorie der Wirbelbewegungen auch aus den *Lagrange*'schen Gleichungen ableiten lässt, hat *H. Hankel* in Beantwortung einer von der philosophischen Facultät der Universität Göttingen gestellten Preisfrage gezeigt (»Zur allgemeinen Theorie der Bewegung der Flüssigkeiten«, Göttingen 1861).

4) *Zu S. 7*. Die hier citirten Arbeiten von *Gauss* und *Green* sind in den Heften 2 und 61 der Klassiker abgedruckt. Der Satz von *Green*, auf den speciell Bezug genommen wird, ist der Satz S. 24 (resp. Anmerk. S. 121) in Heft 61.

Auf den Umstand, dass das Geschwindigkeitspotential φ in mehrfach zusammenhängenden Räumen mehrdeutig werden kann, und dass für derartige mehrdeutige Functionen der *Green*'sche Satz nicht mehr gilt, ist hier von *Helmholtz* zum ersten Male aufmerksam gemacht (vgl. S. 21 und 22 des Textes, sowie Anmerk. 17). Wie der genannte Satz zu erweitern ist, wenn es sich um mehrdeutige Functionen handelt, ist von *W. Thomson* (Lord *Kelvin*) gezeigt (On vortex motion, Edinb. Trans. **25**, 1869).

5) *Zu S. 8*. Die wichtige Frage nach der Zerlegung der Flüssigkeitsbewegung, die hier zum ersten Male vom allgemeinsten Gesichtspunkte aus behandelt ist, hat zu einer Controverse zwischen *Helmholtz* und *Bertrand* geführt (Compt. rend. Bd. **66, 67**, 1868); der Streit hat zu dem Resultate geführt, dass *Bertrand* zugeben musste, die *Helmholtz*'schen Formeln seien ebenso allgemein wie die von ihm aufgestellten Formeln, deren Ausgangspunkt die Zerlegung der Flüssigkeitsbewegung in zwei Fundamentalbewegungen, eine Translation und eine Dilatation nach drei nicht senkrechten Richtungen, bildet.

6) *Zu S. 10*. Ueber den Satz von *Green* vgl. Heft 61 der Klassiker S. 121 (Anmerk. 9). Setzt man in der dort angeführten Formel $U = V = \varphi$ und beachtet, dass $\delta\varphi = 0$ ist, so ergiebt sich die Gleichung des Textes. Hinsichtlich der Beschränkung des Satzes vgl. Anm. 4). — Das Citat in in der Anmerkung enthält im Original einen Irrthum; dort

steht *Crelle's* Journal Bd. LIV. S. 108 statt des richtigen Bd. XLIV. S. 360. — In Band LIV steht die S. 5 des Textes citirte Arbeit von *Riemann*.

Dass an einer die Flüssigkeit begrenzenden festen Wand die normale Geschwindigkeitscomponente $\dfrac{d\varphi}{dn}$ verschwindet, folgt daraus, dass die Oberfläche der Flüssigkeit, mag dieselbe frei sein oder nicht, stets aus denselben Theilchen besteht. Letzteres wiederum ist eine Folge der Continuität der Flüssigkeit.

7) *Zu S. 12.* Hiermit ist der Begriff »Wirbelbewegung« definirt als eine solche Flüssigkeitsbewegung, bei der die durch die Gleichungen (2) S. 10 bestimmten Componenten der Rotationsgeschwindigkeit eines Theilchens nicht verschwinden. Ist das der Fall, so existirt kein Geschwindigkeitspotential. Die Wichtigkeit des neuen Begriffs erhellt insbesondere aus den folgenden, von *Helmholtz* entdeckten Sätzen.

8) *Zu S. 12.* Zur Erläuterung sei hier bemerkt: durch die *Euler*'schen Gleichungen werden die Grössen, welche die Bewegung der Flüssigkeit bestimmen, als Functionen der Stelle und der Zeit bestimmt. $\dfrac{d\psi}{dt}dt$ bezeichnet hiernach die Aenderung, welche die Function ψ in der Zeit dt an einer bestimmten Stelle der Flüssigkeit erfährt. Dagegen stellt $\dfrac{d\psi}{dt}dt$ nicht die Aenderung dar, welche ψ in der Zeit dt für ein bestimmtes Flüssigkeitstheilchen erleidet. Denn das Theilchen bleibt während der Zeit dt nicht an derselben Stelle, sondern seine Coordinaten ändern sich resp. um udt, vdt, wdt. War für ein Flüssigkeitstheilchen im Anfang des betrachteten Zeitelements ψ eine gewisse Function von x, y, z, t, so ist ψ am Ende von dt dieselbe Function von $x + udt$, $y + vdt$, $z + wdt$, $t + dt$. Die Aenderung von ψ ist daher:

$$udt\frac{d\psi}{dx} + vdt\frac{d\psi}{dy} + wdt\frac{d\psi}{dz} + dt\frac{d\psi}{dt},$$

und dieser Ausdruck wird, zum Unterschiede von $\dfrac{d\psi}{dt}dt$, mit $\dfrac{\partial \psi}{\partial t}dt$ bezeichnet. Uebrigens ist die hier angewandte Bezeichnungsweise der totalen und partiellen Ableitungen die umgekehrte wie die von *Jacobi* eingeführte, die jetzt fast allgemein benutzt wird.

9) *Zu S. 12, 13.* Hinsichtlich der Ausführung der Rechnung, welche zu den Gleichungen (3), resp. (3a) führt, ist Folgendes zu beachten: Wenn man die erste Gleichung (1) nach y differentiirt, die zweite nach x und dann letztere von der ersteren subtrahirt, so ergiebt sich wegen (1a) und mit Benutzung der letzten Gleichung (2) zunächst:

(a) $$0 = \frac{d2\zeta}{dt} + u\frac{d2\zeta}{dx} + v\frac{d2\zeta}{dy} + w\frac{d2\zeta}{dz}$$
$$+ \frac{du}{dy}\frac{du}{dx} + \frac{dv}{dy}\frac{du}{dy} + \frac{dw}{dy}\frac{du}{dz} - \frac{du}{dx}\frac{dv}{dx} - \frac{dv}{dx}\frac{dv}{dy} - \frac{dw}{dx}\frac{dv}{dz}.$$

Die Summe der vier ersten Glieder rechts ist $\frac{\partial 2\zeta}{\partial t}$. Die Summe der folgenden Glieder wird, wenn man mit Rücksicht auf die vierte Gleichung (1) $\frac{du}{dx} + \frac{dv}{dy} = -\frac{dw}{dz}$ setzt:

(b) $$-\frac{dw}{dz}\frac{du}{dy} + \frac{dw}{dy}\frac{du}{dz} + \frac{dv}{dx}\frac{dw}{dz} - \frac{dw}{dx}\frac{dv}{dz}.$$

Fügt man zu dieser Summe $+\frac{dw}{dx}\frac{dw}{dy} - \frac{dw}{dx}\frac{dw}{dy}$ hinzu, so kann man die Summe (b) so schreiben:

(b') $$-\frac{dw}{dx}2\xi - \frac{dw}{dy}2\eta - \frac{dw}{dz}2\zeta.$$

Substituirt man dies in (a), so erhält man die letzte Gleichung (3). Um die letzte Gleichung (3a) zu erhalten, muss man zu der Summe (b) die Glieder $+\frac{du}{dz}\frac{dv}{dz} - \frac{du}{dz}\frac{dv}{dz}$ hinzufügen.

10) *Zu S. 13.* Im Original ist die Rotationsgeschwindigkeit nicht mit σ, sondern mit q bezeichnet. Die Aenderung ist vorgenommen, um die Bezeichnungsweise einheitlich zu gestalten. Denn weiterhin wird auch im Original die Rotationsgeschwindigkeit stets mit σ bezeichnet, während q die resultirende Geschwindigkeit ist. In den gesammelten Abhandlungen ist q theilweise durch σ ersetzt.

11) *Zu S. 14.* Zur Erläuterung des wichtigen hier bewiesenen Satzes möge folgende Bemerkung dienen. *Helmholtz*

betrachtet zwei Wassertheilchen, von denen das zweite zur Zeit t in der Rotationsaxe des ersten liegt, und zwar um $\varepsilon\sigma$ von demselben entfernt. Hat das erste Theilchen die Coordinaten x, y, z, so hat das zweite die Coordinaten $x + \varepsilon\xi$, $y + \varepsilon\eta$, $z + \varepsilon\zeta$; und sind die Geschwindigkeitscomponenten des ersten u, v, w, die des zweiten u_1, v_1, w_1, so sind wegen der Continuität der Flüssigkeit u_1, v_1, w_1 dieselben Functionen von $x + \varepsilon\xi$, $y + \varepsilon\eta$, $z + \varepsilon\zeta$, wie u, v, w von x, y, z. Entwickelt man nach dem *Taylor*'schen Satze, so ergeben sich für u_1, v_1, w_1 die durch die ersten drei Gleichungen S. 14 gegebenen Ausdrücke. — Nach Verlauf der Zeit dt haben beide Theilchen ihre Lage in der Flüssigkeit geändert; die Coordinaten des ersten sind nunmehr $x + udt$, $y + vdt$, $z + wdt$, die des zweiten $x + \varepsilon\xi + u_1 dt$, $y + \varepsilon\eta + v_1 dt$, $z + \varepsilon\zeta + w_1 dt$. Sind α_1, β_1, γ_1 die Richtungscosinus der Verbindungslinien beider Theilchen zur Zeit $t + dt$, so ist also:

(a) $\quad \alpha_1 : \beta_1 : \gamma_1$
$= \varepsilon\xi + (u_1 - u)dt : \varepsilon\eta + (v_1 - v)dt : \varepsilon\zeta + (w_1 - w)dt$,

eine Gleichung, die wegen der Werthe von $u_1 - u$ etc., sowie wegen der Gleichungen (3) S. 13 sich auch schreiben lässt:

(b) $\quad \alpha_1 : \beta_1 : \gamma_1 = \varepsilon\xi + \varepsilon\dfrac{\partial \xi}{\partial t}dt : \varepsilon\eta + \varepsilon\dfrac{\partial \eta}{\partial t}dt : \varepsilon\zeta + \varepsilon\dfrac{\partial \zeta}{\partial t}dt.$

Andererseits hat sich in der Zeit dt auch die Richtung der Rotationsaxe des ersten Theilchens geändert. Denn die Componenten der Rotationsgeschwindigkeit, die zur Zeit t die Werthe ξ, η, ζ hatten, sind zur Zeit $t + dt$: $\xi + \dfrac{\partial \xi}{\partial t}dt$, $\eta + \dfrac{\partial \eta}{\partial t}dt$, $\zeta + \dfrac{\partial \zeta}{\partial t}dt$. Sind daher α', β', γ' die Richtungscosinus der Rotationsaxe zur Zeit $t + dt$, so ist

(c) $\quad \alpha' : \beta' : \gamma' = \xi + \dfrac{\partial \xi}{\partial t}dt : \eta + \dfrac{\partial \eta}{\partial t}dt : \zeta + \dfrac{\partial \zeta}{\partial t}dt.$

Aus den Gleichungen (b) und (c) folgt:

$$\alpha_1 : \beta_1 : \gamma_1 = \alpha' : \beta' : \gamma',$$

d. h. die Verbindungslinie der betrachteten Theilchen, die zur Zeit t mit der Richtung der Rotationsaxe des ersten zusammenfiel, fällt auch zur Zeit $t + dt$ mit der Richtung der geänderten Rotationsaxe zusammen; und gilt das für die Zeit $t + dt$, so gilt es auch, wie sich durch Wiederholung desselben Schlusses ergiebt, nach Verlauf einer beliebig langen Zeit.

12) *Zu S. 15.* Dass das Volumen eines Theiles der Flüssigkeit, der stets aus denselben Wassertheilchen besteht, constant ist, folgt aus der Incompressibilität.

Es mag hier bemerkt werden, dass die in § 2 betreffs der Constanz der Wirbelbewegung abgeleiteten Sätze nicht mehr für solche Flüssigkeiten gelten, die der Reibung unterworfen sind.

13) *Zu S. 15.* Das Verfahren, die Integration nach zwei Coordinaten durch eine solche über die Oberfläche S zu ersetzen, ist zuerst von *Gauss* benutzt (vgl. Heft 19 der Klassiker, S. 53). Dort ist auch gezeigt, wie der Beweis für eine beliebige Gestalt der Fläche S streng zu führen ist.

Der Winkel ϑ (S. 16 oben) ist der Winkel zwischen der Rotationsaxe und der Normale.

14) *Zu S. 18.* Hier ist die sogenannte *Poisson*'sche Gleichung benutzt, nach der die Summe der zweiten partiellen Ableitungen des Potentials für Punkte der anziehenden Masse gleich ist -4π mal der Dichtigkeit (vgl. Heft 2 der Klassiker, S. 17).

15) *Zu S. 19.* Z. 4 und 5 von unten steht im Original irrthümlich: »und nennen das Flächenelement der Oberfläche von S wieder $d\omega$«. — Die Gleichung (2a) S. 20 oben ist die schon S. 15 (Mitte) angeführte Gleichung, in der nur die Bezeichnung geändert ist.

16) *Zu S. 21.* Das angeführte Gesetz über die Wirkung eines Stromelements auf eine Magnetnadel ist das *Biot-Savart*'sche Gesetz.

Bemerkt werden mag noch, dass, um die Ausdrücke für $\varDelta u$, $\varDelta v$, $\varDelta w$ (S. 20) zu erhalten, in den Gleichungen (4) $P = 0$ zu setzen ist.

17) *Zu S. 22.* Ist ds irgend ein Bogenelement, so ist $\dfrac{d\varphi}{ds}$ die Geschwindigkeitscomponente nach der Richtung ds. Liegt ds in der Richtung der Strömung, so ist $\dfrac{d\varphi}{ds}$ die ganze Geschwindigkeit, und diese hat einen positiven Werth. Ist aber $\dfrac{d\varphi}{ds}$ positiv, so wächst φ mit wachsendem s, d. h. in der Richtung der Strömung nimmt φ fortwährend zu, muss

also, wenn die Strömung in sich zurückläuft, au der Ausgangsstelle nach Durchlaufen des Stromes einen anderen Werth haben, als vorher. φ ist daher unendlich vieldeutig, ähulich wie die cyclometrischen Functionen.

18) *Zu S. 24.* Da rotirende Wassertheilchen nur auf der betrachteten Fläche vorhanden sind, so liegen auch alle Wirbellinien auf der Fläche, und daher liegt für jedes Theilchen auch die Rotationsaxe tangential zur Fläche. Dass die Wirbellinien nicht aus der Fläche heraustreten können, ergiebt sich daraus, dass nach § 2 (S. 16) ein Wirbelfaden nirgends innerhalb der Flüssigkeit aufhören darf.

Hinsichtlich der hier benutzten charakteristischen Eigenschaft des Flächenpotentials vgl. Heft 2 der Klassiker, §§ 12—18.

19) *Zu S. 25.* Es folgt dies daraus, dass das Potential einer anziehenden Linie in dem unendlich kleinen Abstand t von der Linie unendlich wird wie $2\varrho \log\left(\frac{1}{t}\right)$, falls ϱ die Dichtigkeit ist, während $\lim\left(t\frac{\partial V}{\partial t}\right) = -2\varrho$ für $t=0$ wird.

20) *Zu S. 26.* Der erste Theil von $\frac{2K}{h}$, nämlich

a) $\quad \iiint\left(u\frac{dP}{dx} + v\frac{dP}{dy} + w\frac{dP}{dz}\right)dx\,dy\,dz,$

geht durch theilweise Integration und Benutzung der Formeln $dy\,dz = -d\omega \cos\alpha$ etc. (das negative Vorzeichen kommt daher, dass α der Winkel der nach **innen** gerichteten Normale gegen die x-Axe ist) in

$$-\iint P(u\cos\alpha + v\cos\beta + w\cos\gamma)d\omega$$

$$-\iiint P\left(\frac{du}{dx} + \frac{dv}{dy} + \frac{dw}{dz}\right)dx\,dy\,dz$$

über. Das letzte Integral verschwindet wegen der vierten Gleichung (1) (S. 6; ferner ist

$$u\cos\alpha + v\cos\beta + w\cos\gamma = q\cos\vartheta.$$

Das Integral a) wird also:

b) $\quad -\iint Pq\cos\vartheta\,d\omega.$

Genau ebenso folgt die später benutzte allgemeine Formel, in der nur ψ an Stelle von P steht. — Der nächste Theil von $\frac{2K}{h}$, nämlich

$$\iiint \left(v \frac{dL}{dz} - w \frac{dL}{dy}\right) dx\, dy\, dz$$

ergiebt ebenso:

$$-\iint L(v \cos \gamma - w \cos \beta)\, d\omega - \iiint L \left(\frac{dv}{dz} - \frac{dw}{dy}\right) dx\, dy\, dz,$$

und $\frac{dv}{dz} - \frac{dw}{dy}$ ist $= 2\xi$.

In Gleichung (6b) steht im Original irrthümlich U statt V. Ueber das Verschwinden der normalen Geschwindigkeitscomponente $q \cos \vartheta$ an der Oberfläche vgl. Anm. 6).

21) *Zu S. 27.* Dass die Gesammtmassen der Potentialfunctionen L, M, N verschwinden, ergiebt sich so: Da nur einzelne Wirbelfäden vorhanden sind, die nicht bis zur Wand reichen, so müssen dieselben geschlossene, unendlich dünne Ringe bilden. Ist $\varkappa$ der Querschnitt eines solchen, σ die Rotationsgeschwindigkeit, ds ein Bogenelement der Mittellinie, α der Winkel, den ds mit der x-Axe bildet, so ist, da die Rotationsaxe Tangente der Mittellinie ist:

$$\xi_a = \sigma \cos \alpha, \quad da\, db\, dc = \varkappa\, ds.$$

Die Gesammtmasse, deren Potential L ist, ist daher

$$\varkappa \sigma \int \cos \alpha\, ds.$$

Das letztere Integral verschwindet aber, da es über eine geschlossene Curve zu erstrecken ist. Dasselbe gilt von allen Wirbelringen. — Uebrigens würde das Flächenintegral in dem Ausdruck (6a) auch verschwinden, wenn die in Rede stehenden Massen nicht Null wären. Es folgt das aus dem Verhalten der Potentialfunction und ihrer Ableitungen in unendlicher Entfernung von den wirkenden Massen.

22) *Zu S. 28 u. 45.* Stromlinien oder Strömungslinien sind die Curven, deren Tangenten überall dieselbe Richtung haben wie die resultirende Geschwindigkeit. Die Differentialgleichung dieser Linien ist hier, wo es sich um die Bewegung in einer Ebene handelt:

$$\frac{dx}{u} = \frac{dy}{v}, \quad \text{d. h.} \quad \frac{dN}{dx}dx + \frac{dN}{dy}dy = 0;$$

und das Integral dieser Gleichung ist $N = \text{Const.}$

23) *Zu S. 28.* Hinsichtlich der Potentialfunction einer unendlich langen geraden Linie sei Folgendes bemerkt. Das Potential einer Linie, die der z-Axe parallel ist und von $z = -h$ bis $z = +h$ reicht, ist, falls die Dichtigkeit $= 1$ ist und der angezogene Punkt in der xy-Ebene liegt:

$$V = \int_{-h}^{+h} \frac{dc}{\sqrt{c^2 + \varrho^2}} = \log\left(\frac{h + \sqrt{h^2 + \varrho^2}}{-h + \sqrt{h^2 + \varrho^2}}\right),$$

wo $\varrho^2 = (x-a)^2 + (y-b)^2$.

Der vorstehende Ausdruck für V lässt sich folgendermaassen umformen:

$$V = 2\log h + 2\log\left(1 + \sqrt{1 + \frac{\varrho^2}{h^2}}\right) - 2\log \varrho.$$

Für $h = \infty$ wird das constante Glied $2\log h$ gleich ∞, während $\frac{\partial V}{\partial x}$ für $h = \infty$ endlich bleibt, nämlich $= -\frac{2(x-a)}{\varrho^2}$.
— Man bezeichnet den Ausdruck für V, den man erhält, wenn man, nach Weglassung der additiven Constante $2\log h$, $h = \infty$ setzt, als logarithmisches Potential.

24) *Zu S. 29.* Ist nämlich r die Verbindungslinie, so ist

$$r\frac{dr}{dt} = (x_2 - x_1)(u_2 - u_1) + (y_2 - y_1)(v_2 - v_1).$$

Setzt man für u_1, v_1, u_2, v_2 die durch die Formeln S. 28 bestimmten Werthe ein, so ist die rechte Seite gleich Null, also r constant.

25) *Zu S. 30.* Die Wand sei $y = 0$; der Wirbelfaden habe die Coordinaten $a, b,$ und das Product aus Querschnitt und Rotationsgeschwindigkeit sei m. Das Spiegelbild des Wirbelfadens hat die Coordinaten $a, -b,$ und jenes Product hat den Werth $-m$. Die Geschwindigkeitscomponenten in einem beliebigen Flüssigkeitspunkte x, y, die von dem gegebenen Wirbelfaden herrühren, sind:

$$u = \frac{m}{\pi}\frac{y-b}{r^2}, \quad v = -\frac{m}{\pi}\frac{x-a}{r^2}, \quad r = \sqrt{(x-a)^2 + (y-b)^2}.$$

Der Theil der Geschwindigkeit von x, y, der von dem Spiegelbilde herrührt, hat die Componenten:

$$u_1 = -\frac{m}{\pi}\frac{y+b}{r_1^2},\quad v_1 = +\frac{m}{\pi}\frac{x-a}{r_1^2},\quad r_1 = \sqrt{(x-a)^2+(y+b)^2}.$$

An der Wand wird $r = r_1$, daher $v + v_1 = 0$; d. h. es findet nur Bewegung parallel der Wand statt. — Für den Fusspunkt des Lothes ist $x = a$, $y = 0$, daher $u + u_1 = \dfrac{-2m}{\pi b}$. Die Geschwindigkeit, die in dem Wirbelfaden selbst durch sein Spiegelbild hervorgerufen wird, ist, da hier $x = a$, $y = b$, $r_1 = 2b$:

$$u_1 = -\frac{m}{\pi}\frac{2b}{4b^2} = -\frac{m}{2\pi b};$$

diese Geschwindigkeit ist also ¼ der Geschwindigkeit am Fusspunkte des Lothes.

Aufgaben über Bewegung geradliniger Wirbelfäden sind ausser in der oben erwähnten Abhandlung von *Beltrami* insbesondere von *Greenhill* (Quart. J. XV, 1877), *Coates* (Quart. J. XV, XVI, 1878) und *Gröbli* (Vierteljahrsschrift der naturforschenden Ges. in Zürich XXII, 1877) behandelt.

26) *Zu S. 30.* Die Rotationsaxe ist Tangente zur Wirbellinie, hat daher die Richtungscosinus — $\sin e$, $\cos e$, 0, und daher haben die Componenten der Rotationsgeschwindigkeit σ die im Text angegebenen Werthe.

27) *Zu S. 31.* Die Formel Z. 5 dieser Seite lautet im Original:

$$L\sin\varepsilon - M\cos\varepsilon = -\frac{1}{2\pi}\iiint\frac{\sigma\cos(\varepsilon-e)}{r}g\,dg\,d(\varepsilon-e)\,dc.$$

Auch in der Formel Z. 6, sowie in den folgenden Zeilen steht dort überall $\varepsilon - e$ statt $e - \varepsilon$. Dabei scheint übersehen zu sein, dass, wenn man $\varepsilon - e$ an Stelle von e als Integrationsvariable einführt, die Grenzen 0 und -2π werden. Wenn daher weiter im Original

$$M\cos\varepsilon - L\sin\varepsilon = \psi = \frac{1}{2\pi}\iiint\frac{\sigma\cos e\cdot g\,dg\,de\,dc}{\sqrt{(z-c)^2+\chi^2+g^2-2g\chi\cos e}}$$

gesetzt ist, so ist hierin das Integral nach e von 0 als unterer bis -2π als oberer Grenze zu erstrecken, während, wie aus dem Folgenden hervorgeht, stillschweigend 0 und $+2\pi$ als Grenzen angenommen sind. Aus diesem Grunde war eine Aenderung der Formeln des Originals erforderlich. Um diese Aenderung auf das geringste Maass zu beschränken, wurde $\varepsilon - e$ in $e - \varepsilon$ geändert und sodann die Function ψ durch die Gleichung

$$\psi = -\frac{1}{2\pi}\iiint \frac{\sigma \cos e \cdot g\,dg\,de\,dc}{\sqrt{(z-c)^2 + \chi^2 + g^2 - 2g\chi \cos e}}$$

definirt, wobei die Grenzen für e 0 und $+2\pi$ sind. — Dann konnten alle folgenden Formeln von S. 31 ungeändert bleiben.

27a) *Zu S. 31.* Zur Erläuterung diene folgende Bemerkung. Für den hier betrachteten Fall ist nach den Gleichungen (4) S. 17, da $P = 0$, $N = 0$:

$$u = -\frac{dM}{dz} = -\frac{d\psi}{dz}\cos\varepsilon, \quad v = \frac{dL}{dz} = -\frac{d\psi}{dz}\sin\varepsilon,$$

mithin ist

$$-u\sin\varepsilon + v\cos\varepsilon = 0, \quad u\cos\varepsilon + v\sin\varepsilon = -\frac{d\psi}{dz},$$

d. h. die Geschwindigkeitscomponente senkrecht zum Radius verschwindet, während die dem Radius parallele Componente (d. i. τ) den Werth $-\dfrac{d\psi}{dz}$ hat. Der Werth von w ergiebt sich, indem man die Ausdrücke für M und L in die letzte Gleichung (4) S. 17 einsetzt und die Differentiationen nach x und y in solche nach χ und ε verwandelt, wobei zu beachten ist, dass ψ von ε unabhängig ist.

28) *Zu S. 32.* Für die Strömungslinien gelten die Differentialgleichungen (vgl. Anm. 22):

$$\frac{dx}{u} = \frac{dy}{v} = \frac{dz}{w}, \text{ d. i. } \frac{dx}{\tau\cos\varepsilon} = \frac{dy}{\tau\sin\varepsilon} = \frac{dz}{w}.$$

Da

$$\sin\varepsilon\,dx - \cos\varepsilon\,dy = -d\varepsilon$$

ist, so ergiebt die erste obiger Gleichungen $d\varepsilon = 0$, so dass für die Stromlinien $dx = d\chi\cos\varepsilon$, $dy = d\chi\sin\varepsilon$ wird. Es bleibt daher die Gleichung

$$\frac{d\chi}{\tau} = \frac{dz}{w}$$

übrig, deren Integration $\psi\chi = $ Const. giebt.

Eine Zeichnung der von einem einzelnen Wirbelring herrührenden Stromlinien findet man in *Maxwell's* Electricity and Magnetism, P. II, Tafel XVIII.

29) *Zu S. 32.* ψ_{m_1} ist der Werth, den das Integral in Gleichung (7) S. 31 annimmt, wenn man von der Integration nach g und c absieht. Um jenes Integral auf die Normalform der elliptischen Integrale zu bringen, hat man nur statt des von 0 bis 2π erstreckten Integrals das Doppelte des zwischen 0 und π erstreckten zu nehmen, sodann $e = \pi - 2\vartheta$ zu substituiren und $\cos 2\vartheta$ durch $\sin \vartheta$ auszudrücken, so wird

$$-\psi_{m_1} = \frac{m_1}{\pi} \sqrt{\frac{g}{\chi}} \varkappa \int_0^{\frac{\pi}{2}} \frac{(2\sin^2 \vartheta - 1) d\vartheta}{\sqrt{1 - \varkappa^2 \sin^2 \vartheta}},$$

wo $\varkappa$ den im Text angegebenen Werth hat, und hieraus folgt sofort der im Text angeführte Werth von ψ_{m_1}. Von z hängt ψ_{m_1} in sofern ab, als diese Variable in $\varkappa$ enthalten ist.

Zu bemerken ist, dass die Gleichungen für ψ_{m_1}, $\tau\chi$ und $w\chi$ im Original auf der linken Seite das Zeichen $+$ statt des Zeichens $-$ haben, ebenso wie die rechte Seite von (8a). Die Aenderung war eine Consequenz der in Anmerkung 27) begründeten Aenderung.

30) *Zu S. 33.* Im Original fehlt im dritten und vierten Gliede der linken Seite von (8a) der Factor 2. Auch in den entsprechenden Gliedern der folgenden Gleichungen dieser und der nächsten Seiten musste der Factor 2 hinzugefügt werden. Uebrigens ändert sich durch Hinzufügung dieses Factors das S. 36 ausgesprochene Resultat nicht, da dort das betreffende Glied gegenüber den andern verschwindet.

31) *Zu S. 33.* Da der Uebergang von den Gleichungen (8) und (8a) zu den Gleichungen in der Mitte von S. 33 wegen der in letzteren benutzten, von der vorhergehenden ganz abweichenden Bezeichnungsweise Anfängern Schwierigkeiten bereiten dürfte, so mögen folgende Erläuterungen hier Platz finden. Es kommt darauf an, die verschiedenen Bestandtheile ins Auge zu fassen, aus denen die im Text mit τ_n, w_n, ψ_n bezeichneten Grössen zusammengesetzt sind. Zu dem Zwecke sollen die Geschwindigkeitscomponenten, die der

erste Ring durch die Einwirkung des zweiten erhält, mit τ_{12}, w_{12} bezeichnet werden, während die von diesen verschiedenen Grössen τ_{21}, w_{21} die Geschwindigkeitscomponenten sein sollen, die der zweite Ring durch den ersten erhält. In analoger Weise sollen τ_{mn}, w_{mn} die Geschwindigkeitscomponenten sein, die im m^{ten} Ringe durch den n^{ten} erregt werden. Danach ist also, falls i Ringe vorhanden sind:

$$\tau_1 = \tau_{12} + \tau_{13} + \ldots + \tau_{1i},$$
$$\tau_2 = \tau_{21} + \tau_{23} + \ldots + \tau_{2i},$$
$$\ldots \ldots \ldots \ldots \ldots \ldots \ldots \ldots$$
$$w_1 = w_{12} + w_{13} + \ldots + w_{1i},$$
$$\ldots \ldots \ldots \ldots \ldots \ldots \ldots \ldots$$

Wendet man die Gleichung (8) auf die beiden ersten Ringe an, so ergiebt sich:

$$m_1 \tau_{12} \varrho_1 + m_2 \tau_{21} \varrho_2 = 0.$$

Die analoge Gleichung bilde man ferner für alle Combinationen je zweier Ringe und addire alle so erhaltenen Gleichungen, so folgt:

$$m_1 \varrho_1 (\tau_{12} + \tau_{13} + \ldots + \tau_{1i}) + m_2 \varrho_2 (\tau_{21} + \tau_{23} + \ldots + \tau_{2i})$$
$$+ \ldots + m_i \varrho_i (\tau_{i1} + \tau_{i2} + \ldots + \tau_{i,i-1}) = 0$$

oder

$$m_1 \varrho_1 \tau_1 + m_2 \varrho_2 \tau_2 + \ldots + m_i \varrho_i \tau_i = 0,$$

d. h.

$$\Sigma m_n \varrho_n \tau_n = 0.$$

In ganz derselben Weise ergiebt sich aus (8a) die zweite Gleichung in der Mitte der Seite 33. Was die rechte Seite der letztgenannten Gleichung betrifft, so ist Folgendes zu beachten. Wendet man die Gleichung (8a) zunächst auf die beiden ersten Ringe an, so erhält man rechts:

$$-2 \frac{m_1 m_2}{\pi} \sqrt{\varrho_1 \varrho_2}\, U_{12}$$
$$= -m_1 \varrho_1 \frac{m_2}{\pi} \sqrt{\frac{\varrho_2}{\varrho_1}}\, U_{12} - m_2 \varrho_2 \frac{m_1}{\pi} \sqrt{\frac{\varrho_1}{\varrho_2}}\, U_{12}$$
$$= + m_1 \varrho_1 \psi_{12} + m_2 \varrho_2 \psi_{21},$$

wo ψ_{12} der Theil der Kräftefunction ψ ist, der die Wirkung des zweiten Ringes auf den ersten repräsentirt, ψ_{21} dagegen der Theil, der von der Wirkung des ersten Ringes auf den zweiten herrührt. U_{12} ist die S. 32 definirte Function U, falls man in derselben χ, z, g, c resp. durch ϱ_1, λ_1, ϱ_2, λ_2 ersetzt. ψ_{12} ist die S. 32 mit ψ_{m_1} bezeichnete Function, wenn man darin m_1, g, χ durch m_2, ϱ_2, ϱ_1 ersetzt. — Wendet man die Gleichung (8a) nach einander auf alle Combinationen je zweier Ringe an und addirt alle so erhaltenen Gleichungen, so wird die rechte Seite der resultirenden Gleichung:

$$m_1 \varrho_1 (\psi_{12} + \psi_{13} + \ldots + \psi_{1i}) + m_2 \varrho_2 (\psi_{21} + \psi_{23} + \ldots + \psi_{2i}) + \ldots$$

$\psi_{12} + \psi_{13} + \ldots + \psi_{1i}$ ist nun die Function, die *Helmholtz* mit ψ_1 bezeichnet; ebenso bezeichnet er den Factor von $m_2 \varrho_2$ mit ψ_2 etc. Der vorstehende Ausdruck wird daher:

$$m_1 \varrho_1 \psi_1 + m_2 \varrho_2 \psi_2 + \ldots = \Sigma(m_n \varrho_n \psi_n).$$

Was den Uebergang von einer endlichen Anzahl von Ringen zu einer unendlich grossen Zahl betrifft, so ist zu beachten, dass das im Text in Betreff dieses Uebergangs Gesagte sich auf ψ_n, τ_n, w_n bezieht, die bis dahin endliche Summen repräsentirten und nunmehr in Raumintegrale übergehen (und zwar ψ in das Integral (7) S. 31). Die durch das Zeichen Σ angedeutete Summation ergiebt eine weitere 3-fache Integration, die Relationen zwischen den Summen gehen also in solche zwischen 6-fachen Integralen über. Dass der Uebergang von der durch Σ ausgedrückten Summation zur Integration ohne weiteres gestattet ist, folgt daraus, dass das Potential räumlicher Massen nebst seinen ersten Ableitungen im ganzen Raume endlich und continuirlich ist. — Die unter dem Text angeführte Arbeit ist, wie schon mehrmals erwähnt, in Heft 2 der Klassiker abgedruckt.

Dass (S. 34) erst nach dem Uebergange von der Summation zur Integration $w = \dfrac{d\lambda}{dt}$, $\tau = \dfrac{d\varrho}{dt}$ gesetzt wird, hat darin seinen Grund, dass die vor diesem Uebergang aufgestellten Formeln sich stets nur auf die Wirkung beziehen, welche ein unendlich dünner Ring durch andere, in endlicher Entfernung befindliche, erleidet, während nach dem Uebergang auch die Wirkung der unendlich nahen Ringe in Betracht kommt, so dass man nun erst die gesammte Geschwindigkeit an einer Stelle kennt.

31a) *Zu S. 34.* Es ist dies der Satz S. 15. $d\varrho\, d\lambda$ kann als Querschnitt des kreisförmigen Wirbelfadens angesehen werden.

32) *Zu S. 35.* Abweichend von der Bezeichnung S. 26 sind in dem Integrale für K a, b, c als Integrationsvariable eingeführt. Natürlich muss man dann in L, M, die ihrerseits durch dreifache Integrale dargestellt werden, an Stelle von a, b, c andere Variable eingeführt denken. Ferner sind, abweichend von der Bezeichnung im Anfang des § 6, die cylindrischen Coordinaten, durch die a, b, c ausgedrückt werden, ϱ, ε, λ genannt. Daher ist $\xi = -\sigma \sin \varepsilon$, $\eta = \sigma \cos \varepsilon$ zu setzen, während die Formeln $L = -\psi \sin \varepsilon$, $M = \psi \cos \varepsilon$ ungeändert bleiben.

Dass K in Bezug auf die Zeit constant ist, ist S. 26 bewiesen.

33) *Zu S. 35.* Hier sind vorübergehend statt ϱ, λ wieder die Buchstaben g, c benutzt. Der hier stehende Werth von $\varkappa$ folgt aus dem S. 32 angegebenen durch Vernachlässigung höherer Potenzen der unendlich kleinen Grössen $z - c$, $\chi - g$.

Was die Formel für ψ_{m_1} betrifft, so beruht dieselbe darauf, dass, wenn $\varkappa$ sich dem Werthe 1 nähert, das volle elliptische Integral erster Gattung, das *Helmholtz* mit F bezeichnet, unendlich wird wie $\log\left(\dfrac{4}{\sqrt{1-\varkappa^2}}\right)$ (vgl. *Legendre*, »Traité des fonctions elliptiques« I, Chap. XIX, sowie *Durège* »Theorie der elliptischen Functionen«, § 50). Das volle elliptische Integral zweiter Gattung, E, wird andererseits $= 1$ für $\varkappa = 1$. Vernachlässigt man den endlichen Werth 2 gegen den unendlich grossen von F, so geht, da $\sqrt{\dfrac{g}{\chi}}$ bis auf unendlich Kleines $= 1$ ist, die Formel S. 32 für ψ_{m_1} in die des Textes über.

Man kann übrigens den benutzten Näherungswerth für F folgendermaassen ableiten. Setzt man $1 - \varkappa^2 = \varkappa_1^2$ und zerlegt das Integral F in die Summe zweier Integrale, so erhält man:

$$F = \int_0^{\frac{\pi}{2}-\psi_1} \frac{d\varphi}{\sqrt{\cos^2\varphi + \varkappa_1^2 \sin^2\varphi}} + \int_{\frac{\pi}{2}-\psi_1}^{\frac{\pi}{2}} \frac{d\varphi}{\sqrt{\cos^2\varphi + \varkappa_1^2 \sin^2\varphi}}.$$

Wählt man für ψ_1 einen solchen Werth, dass $\sin \psi_1$ zwar unendlich klein wird, doch gegen $\varkappa_1$ sehr gross, so kann man im ersten Theile von F die zu integrirende Function nach Potenzen von $\varkappa_1$ entwickeln. Vernachlässigt man schon die niedrigste Potenz von $\varkappa_1^2$, so ergiebt sich als angenäherter Werth des ersten Theiles von F:

$$\int_0^{\frac{\pi}{2}-\psi_1} \frac{d\varphi}{\cos\varphi} = \log\operatorname{tang}\left(\frac{\pi}{2}-\frac{\psi_1}{2}\right) = \log\left(\frac{2}{\psi_1}\right),$$

da ψ_1 unendlich klein ist.

Führt man weiter in dem zweiten Theile von F an Stelle von φ die Integrationsvariable $\frac{\pi}{2}-\psi$ ein, so kann man wegen der Kleinheit von ψ_1 statt $\sin\psi$ und $\cos\psi$ resp. ψ und 1 setzen, und es wird der zweite Theil von F angenähert:

$$\int_0^{\psi_1} \frac{d\psi}{\sqrt{\psi^2+\varkappa_1^2}} = \log\frac{\psi_1+\sqrt{\psi_1^2+\varkappa_1^2}}{\varkappa_1}$$
$$= \log\psi_1 + \log\left(1+\sqrt{1+\frac{\varkappa_1^2}{\psi_1^2}}\right) - \log\varkappa_1.$$

Vereinigt man beide Theile von F und vernachlässigt $\left(\frac{\varkappa_1}{\psi_1}\right)^2$, das ja unendlich klein ist, gegen 1, so wird $F = \log\left(\frac{4}{\varkappa_1}\right)$.

34) *Zu S. 36.* Die letzten Zeilen von S. 35 bilden nur eine beiläufige Bemerkung, enthalten aber keine für das Folgende maassgebende Annahme. Bei Bestimmung der Grössenordnung von $\frac{d\varrho}{dt}$ wird also g als endlich angesehen. Jene Grössenordnung ergiebt sich übrigens so: Da $U = \log\left(\frac{4}{\sqrt{1-\varkappa^2}}\right)$, so ist

$$\varkappa\frac{dU}{d\varkappa} = \frac{\varkappa^2}{1-\varkappa^2} = \frac{\varkappa^2\cdot 4g^2}{v^2}.$$

Der Ausdruck für $\tau\chi$ (S. 32) enthält also im Nenner das Quadrat der unendlich kleinen Grösse v, im Zähler aber die erste Potenz von $z-c$, das mit v von gleicher Ordnung ist.

Die Richtung der Bewegung der Wassertheilchen zu beiden Seiten des Ringes findet man am einfachsten durch folgende Betrachtung. Für die Stelle des Ringes, an der $e = 90°$, ist $\xi = -\sigma$, $\eta = 0$, $\zeta = 0$. Ein in der Nähe befindliches Wassertheilchen hat (nach S. 9) in Folge der Rotation die Geschwindigkeitscomponenten 0, $-(z-\mathfrak{z})\sigma$, $+(y-\mathfrak{y})\sigma$. Für ein Theilchen, das in der Ebene des Ringes ausserhalb desselben liegt, ist $z = \mathfrak{z}$, $y > \mathfrak{y}$, die Bewegung eines solchen Theilchens ist demnach nach der positiven z-Axe gerichtet, während für Punkte innerhalb der Ringebene ($z = \mathfrak{z}$, $y < \mathfrak{y}$) die Bewegungsrichtung die entgegengesetzte ist.

Uebrigens kann man dasselbe Resultat auch aus den Formeln für w (S. 31 oder 32) ableiten, indem man in diesen $z = c$ setzt.

35) *Zu S. 37.* Das hier ausgesprochene Resultat lässt sich folgendermaassen begründen. Die Bewegung eines einzelnen Wirbelringes, wie sie im Vorhergehenden abgeleitet ist, wird durch die Anwesenheit eines zweiten Ringes modificirt, und man kann die eintretende Modification nach den Formeln S. 32 berechnen. Es mögen sich die Bezeichnungen m, ϱ, z, $\tau = \dfrac{d\varrho}{dt}$, $w = \dfrac{dz}{dt}$ auf den einen, m_1, ϱ_1, z_1, $\tau_1 = \dfrac{d\varrho_1}{dt}$, $w_1 = \dfrac{dz_1}{dt}$ auf den andern Ring beziehen, und zwar seien m und m_1 positiv, $z > z_1$. Dann würde sich jeder der Ringe ohne die Anwesenheit des andern nach der Seite der negativen z bewegen, und der Ring m_1 würde der vorangehende sein. Nun ist nach Gleichung (8) S. 32:

$$m\varrho\frac{d\varrho}{dt} + m_1\varrho_1\frac{d\varrho_1}{dt} = 0.$$

Es muss daher eine der beiden Grössen $\dfrac{d\varrho}{dt}$, $\dfrac{d\varrho_1}{dt}$ positiv, die andere negativ sein, d. h. der Radius des einen Ringes muss zunehmen, der des andern abnehmen. Welcher Radius zunimmt, ergiebt sich aus der Gleichung für $\tau\chi$ (S. 32), die in unserer Schreibweise lautet:

$$-\varrho\frac{d\varrho}{dt} = \frac{m_1}{\pi}\sqrt{\varrho\varrho_1}\,\varkappa\frac{dU}{d\varkappa}\frac{z-z_1}{(\varrho+\varrho_1)^2+(z-z_1)^2}.$$

Nun ist $z > z_1$; ferner ist:

$$\varkappa\frac{dU}{d\varkappa} = \varkappa\int_0^{\frac{\pi}{2}}\frac{(2\sin^2\vartheta - 1)d\vartheta}{\sqrt{(1-\varkappa^2\sin^2\vartheta)^3}},$$

ebenso wie auch U selbst, stets positiv; daher ist $\dfrac{d\varrho}{dt}$ negativ, d. h. der nachfolgende Ring verengert sich, der vorhergehende erweitert sich. Sodann folgt aus der Formel für w (S. 32):

$$-\frac{dz}{dt} = \tfrac{1}{2}\frac{m_1}{\pi}\sqrt{\frac{\varrho_1}{\varrho^3}}\,U + \tfrac{1}{2}\frac{m_1}{\pi}\sqrt{\frac{\varrho_1}{\varrho^3}}\,\varkappa\frac{dU}{d\varkappa}\frac{(z-z_1)^2 + \varrho_1{}^2 - \varrho^2}{(\varrho+\varrho_1)^2 + (z-z_1)^2}.$$

Den Werth für $-\dfrac{dz_1}{dt}$ erhält man hieraus durch Vertauschung von ϱ mit ϱ_1, während U und $\varkappa\dfrac{dU}{d\varkappa}$ ungeändert bleiben. Da ϱ_1 zunimmt, ϱ aber abnimmt, werden $m_1\sqrt{\dfrac{\varrho_1}{\varrho^3}}$ und $\varrho_1{}^2 - \varrho^2$ zunehmen, $m\sqrt{\dfrac{\varrho}{\varrho_1{}^3}}$ und $\varrho^2 - \varrho_1{}^2$ dagegen abnehmen. Da U und $\varkappa\dfrac{dU}{d\varkappa}$ positiv sind, wird also $-\dfrac{dz}{dt}$ immer mehr zunehmen, $-\dfrac{dz_1}{dt}$ immer kleiner werden. $-\dfrac{dz}{dt}$ und $-\dfrac{dz_1}{dt}$ sind aber die Modificationen, welche die ursprünglich vorhandenen, nach der negativen z-Axe gerichteten Bewegungen jedes der Ringe durch die Anwesenheit des andern erfahren. Der nachfolgende Ring wird also, indem er sich zusammenzieht, schneller fortschreiten, der vorangehende wird, indem er sich erweitert, immer langsamer fortschreiten.

Aehnlich lassen sich auch die folgenden Resultate ableiten, die sich auf zwei Wirbelringe mit gleichen Radien und entgegengesetzt gleichen Rotationsgeschwindigkeiten beziehen.

II. Discontinuirliche Flüssigkeitsbewegungen.

36) *Zu S. 40—43.* Ueber Wirbelflächen vgl. S. 24 und 25 der ersten Abhandlung.

37) *Zu S. 40.* Die Fortpflanzung von Stössen durch eine Flüssigkeit und die Bewegung der durch Stösse hervorgerufenen Unstetigkeitsflächen (d. h. solcher Flächen, an denen sich die Geschwindigkeit discontinuirlich ändert) ist von *Christoffel* näher untersucht (Annali di Matematica [2] VIII, 1877).

38) *Zu S. 40 und 41.* Falls ein Geschwindigkeitspotential

existirt, ergiebt die Integration der hydrodynamischen Gleichungen [der Gleichungen (1) S. 6]:

(a) $\quad V - \frac{1}{h} p + \text{Const.} = \frac{d\varphi}{dt} + \frac{1}{2}\left\{\left(\frac{d\varphi}{dx}\right)^2 + \left(\frac{d\varphi}{dy}\right)^2 + \left(\frac{d\varphi}{dz}\right)^2\right\}.$

Falls φ von der Zeit unabhängig ist, folgt aus (a) sofort der im Text ausgesprochene Satz.

Für Gase ist nicht, wie für incompressible Flüssigkeiten, h constant, sondern $h = cp$, falls das *Mariotte*'sche Gesetz gilt. Daher tritt in Gleichung (a) $\frac{1}{c} \log p$ an Stelle von p. Berücksichtigt man aber die mit der Aenderung der Dichtigkeit verbundene Aenderung der Temperatur, so gilt, falls dem Gase weder Wärme mitgetheilt, noch entzogen wird, statt des *Mariotte*'schen Gesetzes die Gleichung $h = cp^{\frac{1}{\gamma}}$, wo γ dieselbe Bedeutung hat wie S. 41. Daher tritt in Gleichung (a) an Stelle von p das Glied $\frac{1}{c} \frac{p^{1-\frac{1}{\gamma}}}{1-\frac{1}{\gamma}}$, und γ ist $= 1,41$.

39) *Zu S. 41.* Man leitet dies Resultat folgendermaassen her. Es handelt sich um eine Flüssigkeitsbewegung, die ein Geschwindigkeitspotential φ besitzt, und zwar ist letzteres nur von zwei Coordinaten abhängig, falls die Bewegung in allen Ebenen senkrecht zu der scharfen Kante als gleich angenommen wird. Macht man jene Kante zur z-Axe, so genügt φ der Differentialgleichung:

$$\frac{d^2\varphi}{dx^2} + \frac{d^2\varphi}{dy^2} = 0,$$

und falls man in der xy-Ebene Polarcoordinaten ϱ, ϑ einführt, muss an den beiden Ebenen $\vartheta = 0$ und $\vartheta = 2\pi - \alpha$ die zu den Ebenen senkrechte Geschwindigkeitscomponente, d. h. $\frac{1}{\varrho} \frac{d\varphi}{d\vartheta}$, verschwinden. Eine Lösung, die allen diesen Bedingungen genügt, ist:

$$\varphi = c\varrho^\nu \cos(\nu\vartheta), \quad \text{falls} \quad \nu = \frac{\pi}{2\pi - \alpha} \quad \text{ist.}$$

Die Geschwindigkeit in einem beliebigen Punkte der Flüssigkeit ist:

$$q = \sqrt{\left(\frac{d\varphi}{dx}\right)^2 + \left(\frac{d\varphi}{dy}\right)^2} = \sqrt{\left(\frac{d\varphi}{d\varrho}\right)^2 + \frac{1}{\varrho^2}\left(\frac{d\varphi}{d\vartheta}\right)^2} = \frac{\nu c}{\varrho^{1-\nu}}.$$

Falls $\alpha < \pi$, ist $\nu < 1$ und $1 - \nu = \dfrac{\pi - \alpha}{2\pi - \alpha}$.

40) *Zu S. 42.* Ueber den Einfluss der Reibung auf die Strahlenbildung sind von *Oberbeck* experimentelle Untersuchungen angestellt (Ann. d. Phys. [2] II, 1877).

41) *Zu S. 43.* Bei einer stationären Strömung ist $\dfrac{d\varphi}{dt} = 0$, die Gleichung (a) von Anmerkung 38 (S. 73) giebt daher:

$$V - \frac{p}{h} + \text{Const.} = \tfrac{1}{2}q^2,$$

wo q die ganze Geschwindigkeit ist. Nun soll auf einer Seite der Trennungsfläche Ruhe herrschen, also ist dort $V - \dfrac{1}{h}p = \text{Const.}$ Der Druck hat andererseits zu beiden Seiten der Trennungsfläche denselben Werth. Mithin muss auch für den bewegten Theil der Flüssigkeit q an jener Fläche constant sein; ausserdem ist q tangential zur Trennungsfläche.

42) *Zu S. 44.* Vgl. *Tyndall's* Arbeit »the action of sounding vibrations on gaseous and liquid jets«, Philosoph. Magaz. (4) XXXIII, 1867.

43) *Zu S. 44.* Das ergiebt sich, wenn man die Grenzfläche des Strahls (die Trennungsfläche) als Wirbelfläche auffasst, aus dem S. 20 (resp. 21) abgeleiteten Gesetz. So lange die Fläche stationär bleibt, heben sich die Wirkungen, welche ein Element eines Wirbelfadens von allen anderen erfährt, auf. Sowie aber ein Theil der Fläche verschoben wird, halten sich die erwähnten Wirkungen nicht mehr das Gleichgewicht. Aus der Art der Wirkung folgt das Aufrollen der Fläche.

43a) *Zu S. 44.* Ist x die Axe des cylindrischen Strahls, so braucht man nur, um allen Bedingungen zu genügen, $\varphi = Ax$ innerhalb, $\varphi = 0$ ausserhalb des Strahles zu setzen.

44) *Zu S. 44.* Schon oben ist erwähnt, dass man Bewegungen der hier besprochenen Art nicht so behandeln kann, dass man bestimmte Aufgaben stellt und diese nachher löst. Man muss sich vielmehr damit begnügen, Formeln aufzusuchen, die eine Discontinuität ergeben, und hinterher untersuchen,

welchen speciellen Problemen dieselben zugehören. Wie man unter den im Text angegebenen beschränkenden Annahmen zu derartigen Formeln gelangt, ist von *Helmholtz* in der vorliegenden Arbeit zum ersten Male gezeigt. Eine Verallgemeinerung der *Helmholtz*'schen Methode ist von *Kirchhoff* in der S. 54 citirten Arbeit gegeben.

45) *Zu S. 45.* Man kann die Differentialgleichung zweiter Ordnung, der das Geschwindigkeitspotential genügt, nämlich

$$\frac{d^2\varphi}{dx^2} + \frac{d^2\varphi}{dy^2} = 0,$$

durch das System zweier Gleichungen erster Ordnung:

$$\frac{d\varphi}{dx} = \frac{d\psi}{dy}, \quad \frac{d\varphi}{dy} = -\frac{d\psi}{dx}$$

ersetzen. — Betreffs der Gleichung (1b) vgl. Anm. 38 S. 73.

46) *Zu S. 46.* Man kann auch sagen: es ist eine conforme Abbildung der Ebenen x, y und φ, ψ auf einander zu suchen, welche die im Text genannten Eigenschaften besitzt.

47) *Zu S. 46.* Da für $y = \pm A\pi$ die Function ψ den constanten Werth $\pm \pi$ hat, falls φ zwischen $-\infty$ und $-A$ liegt, so ist an den betreffenden Theilen der Linien $y = \pm A\pi$ $\frac{d\psi}{dx} = 0$, d. h. nach (1) S. 45: es ist längs jener Linientheile die zu den Linien senkrechte Geschwindigkeitscomponente v gleich Null. Das ist aber die Bedingung, die für eine feste Wand erfüllt sein muss. Man kann daher ohne jede Aenderung jene Linientheile durch feste Wände ersetzen.

48) *Zu S. 46.* Für Anfänger dürften folgende Erläuterungen am Platze sein. Hier treten einerseits die partiellen Ableitungen von φ und ψ nach x und y auf, andererseits, indem die abhängigen und unabhängigen Variabeln vertauscht werden, die Ableitungen von x und y nach φ und ψ. Der Zusammenhang zwischen beiden Arten von Ableitungen ergiebt sich folgendermaassen. Sind zunächst φ und ψ beliebige Functionen von x und y, so erhält man durch Auflösen der Gleichungen:

$$d\varphi = \frac{d\varphi}{dx}dx + \frac{d\varphi}{dy}dy,$$
$$d\psi = \frac{d\psi}{dx}dx + \frac{d\psi}{dy}dy:$$

$$dx = \frac{\frac{d\psi}{dy}d\varphi - \frac{d\varphi}{dy}d\psi}{\Delta}, \quad dy = \frac{-\frac{d\psi}{dx}d\varphi + \frac{d\varphi}{dx}d\psi}{\Delta},$$

wo
$$\Delta = \frac{d\varphi}{dx}\frac{d\psi}{dy} - \frac{d\psi}{dx}\frac{d\varphi}{dy}.$$

ist. Es ist daher:
$$\frac{dx}{d\varphi} = \frac{1}{\Delta}\frac{d\psi}{dy}, \quad \frac{dx}{d\psi} = -\frac{1}{\Delta}\frac{d\varphi}{dy},$$
$$\frac{dy}{d\varphi} = -\frac{1}{\Delta}\frac{d\psi}{dx}, \quad \frac{dy}{d\psi} = \frac{1}{\Delta}\frac{d\varphi}{dx}.$$

Diese Formeln gelten allgemein. Genügen aber φ und ψ den Gleichungen (1) S. 45, so ist

$$\Delta = \left(\frac{d\varphi}{dx}\right)^2 + \left(\frac{d\varphi}{dy}\right)^2,$$

und weiter wird in diesem Falle:

$$\left(\frac{dx}{d\varphi}\right)^2 + \left(\frac{dy}{d\varphi}\right)^2 = \frac{1}{\Delta} = \frac{1}{\left(\frac{d\varphi}{dx}\right)^2 + \left(\frac{d\varphi}{dy}\right)^2}.$$

49) *Zu S. 47.* Das Resultat ergiebt sich so. $\sigma + i\tau$ ist, wie $x + iy$, eine Function von $\varphi + i\psi$:
$$\sigma + i\tau = f(\varphi + i\psi),$$

also
$$\frac{d\sigma}{d\varphi} + i\frac{d\tau}{d\varphi} = f'(\varphi + i\psi).$$

Für $\psi = \pm\pi$ soll nun $\frac{d\sigma}{d\varphi} = 0$ sein, während $\frac{d\tau}{d\varphi}$ den Werth (3c) annimmt, wobei sich das obere Vorzeichen auf $\varphi = +\pi$, das untere auf $\varphi = -\pi$ beziehe. Daher haben wir:

$$f'(\varphi \pm i\pi) = \pm iA\sqrt{2e^\varphi - e^{2\varphi}},$$

wobei zunächst, damit $\frac{d\tau}{d\varphi}$ reell wird, $e^\varphi < 2$ zu nehmen ist. Die Integration ergiebt:

$$f(\varphi \pm i\pi) = \pm iA\left\{e^{\frac{1}{2}\varphi}\sqrt{2-e^{\varphi}} + 2\arcsin\left(\frac{e^{\frac{1}{2}\varphi}}{\sqrt{2}}\right)\right\},$$

und setzt man hierin $\varphi + i(\psi \mp \pi)$ an Stelle von φ, lässt ferner zugleich die obige Beschränkung $e^{\varphi} < 2$ fortfallen, so ergiebt sich:

$$\sigma + i\tau = f(\varphi + i\psi) = \pm iA\left\{\mp ie^{\frac{1}{2}(\varphi+i\psi)}\sqrt{2+e^{\varphi+i\psi}}\right.$$
$$\left.\mp 2\arcsin\left(\frac{ie^{\frac{1}{2}(\varphi+i\psi)}}{\sqrt{2}}\right)\right\}.$$

Dies stimmt, wenn man das Zeichen $\pm$ vor iA in die Klammer bringt und $-ie^{\frac{1}{2}(\varphi+i\psi)}$ in die folgende Wurzel einbezieht, mit (3d) überein. Zugleich erkennt man, welches Vorzeichen der in (3d) vorkommenden Wurzelgrösse zu ertheilen ist, ferner, dass diese Wurzel sowohl als auch der folgende arc sin ihre Vorzeichen ändern, wenn ψ um 2π wächst. — Für $e^{\varphi+i\psi} = -2$ wird die Ableitung von $f(\varphi+i\psi)$ unendlich.

Bemerkt werden mag, dass im Original in (3d) vor 2 arc sin das Zeichen $+$ statt des Zeichens $-$ steht, ferner, dass vor Formel (3d) gesagt ist, dass nach Ausführung der Integration statt φ überall $\varphi + i(\psi + \pi)$ zu setzen ist; beides bedurfte einer Aenderung.

50) *Zu S. 48.* Statt »längs der Wand« würde hier, wie schon S. 47, vorletzter Absatz, besser gesagt: »für $\psi = \pm\pi$«, und zwar deshalb, weil nicht die ganzen Linien $\psi = \pm\pi$ der $\varphi\psi$-Ebene den festen Wänden entsprechen.

In der Gleichung für $\sigma + i\tau$ S. 48 steht im Original vor 2 arc sin fälschlich das Zeichen $-$; aus der Entwickelung in Anmerkung 49) ergiebt sich, dass statt $-$ zu setzen ist $+$; denn der hier auftretende Werth von $\sigma + i\tau$ ist der dort mit $f(\varphi \pm i\pi)$ bezeichnete.

51) *Zu S. 48.* Zur Erläuterung der hier abgeleiteten Resultate mögen folgende Bemerkungen dienen. Die Gleichungen (3a), resp. (3d) stellen eine gewisse conforme Abbildung der Ebene $\varphi\psi$ auf die Ebene xy dar; und zwar kommt von der Ebene $\varphi\psi$ nur der Streifen in Betracht, der von $\psi = -\pi$ bis $\psi = +\pi$ reicht, während φ alle möglichen Werthe annehmen kann. Das ergiebt sich daraus, dass für $\psi = \pm\pi$ und $e^{\varphi} = 2$ die Ableitungen von x und y nach φ und ψ unendlich werden. Es ist zu untersuchen,

welche Punkte der xy-Ebene den einzelnen Punkten des genannten Streifens, insbesondere den Begrenzungslinien desselben, entsprechen; die Prüfung der für die verschiedenen Theile der Grenzlinien geltenden Bedingungen giebt die mechanische Bedeutung der entsprechenden Curven der xy-Ebene.

Für $\psi = \pm \pi$ ist $\sigma + i\tau$ durch die Gleichung S. 48 Z. 4 dargestellt, und zwar entspricht das obere Zeichen dem Werthe $\psi = +\pi$, das untere $\psi = -\pi$. Ist zunächst $e^\varphi > 2$, so ist in dem in Rede stehenden Ausdruck die Quadratwurzel rein imaginär, das Argument von arc sin reell und grösser als 1. Für ein solches Argument m ist:

$$\text{arc sin } m = \tfrac{1}{2}\pi + i \log{(m + \sqrt{m^2 - 1})}.$$

Daher wird
$$\sigma + i\tau = \pm A i\pi + k,$$
wo k eine reelle Grösse bezeichnet; d. h. $\sigma = k$, $\tau = \pm A\pi$. Mithin wird für $e^\varphi > 2$ und $\psi = +\pi$: $y = A\pi + A\pi$,
„ „ „ „ „ $\psi = -\pi$: $y = -A\pi - A\pi$.
Den Theilen der beiden Grenzlinien $\psi = \pm \pi$, für die $\varphi > \log 2$ ist, entsprechen daher in der xy-Ebene gewisse Stücke der zur x-Axe parallelen Linien $y = \pm 2A\pi$. Da ferner für $\varphi = +\infty$, $\psi = \pm \pi$ $x = -\infty$ wird, für $\varphi = \log 2$, $\psi = \pm \pi$ $x = -A(2 - \log 2)$, so reichen die in Rede stehenden Stücke der Linien von $x = -\infty$ bis $x = -A(2-\log 2)$. — Nun ist für $\psi = \pm \pi$, $e^\varphi > 2$, wie wir gesehen, τ constant, also $\dfrac{d\tau}{d\varphi} = 0$, daher $\dfrac{dy}{d\varphi} = 0$, daher auch (vgl. Anm. 48)
$$\frac{d\psi}{dx} = -\frac{d\varphi}{dy} = 0;$$
d. h. an den entsprechenden Linientheilen der xy-Ebene ist die zu ihnen senkrechte Geschwindigkeitscomponente $v = 0$; an diesen Linientheilen sind die Bedingungen erfüllt, die für eine feste Wand gelten. Man kann ohne Aenderung jene Linientheile durch feste Wände ersetzen, und hat damit die in Bezug auf den Canal ausgesprochenen Resultate.

Für $\psi = \pm \pi$, $e^\varphi < 2$ wird $\sigma + i\tau$ rein imaginär. Mithin ist dort $\sigma = 0$ und $\dfrac{d\sigma}{d\varphi} = 0$; d. h. es sind für $\psi = \pm \pi$ und $e^\varphi < 2$ alle Bedingungen erfüllt, die nach S. 47 für den freien Theil des Strahls zu erfüllen sind. Mithin können die Curven der xy-Ebene, die den in Rede stehenden Theilen der Linien $\psi = \pm \pi$ der $\varphi\psi$-Ebene entsprechen, als freie Theile des Strahls angesehen werden. Die betreffenden Curven der xy-Ebene sind aber:

$$x = A(\varphi - e^\varphi),$$
$$y = \pm A\pi + \tau = \pm A\left\{\pi + \sqrt{2e^\varphi - e^{2\varphi}} + 2\arcsin\left(\frac{e^{\frac{1}{2}\varphi}}{\sqrt{2}}\right)\right\}.$$

Variirt φ von $-\infty$ zunächst bis 0, dann von 0 bis $\log 2$, so nimmt x von $-\infty$ bis $-A$ zu, um von da bis $-A(2-\log 2)$ wieder abzunehmen, während der absolute Werth von y fortwährend wächst, so zwar, dass $y = \pm A\pi$ wird für $x = -\infty$, $y = \pm A(\frac{3}{2}\pi + 1)$ für $x = -A$, endlich $y = \pm 2A\pi$ für $x = -A(2-\log 2)$. Damit ist das über den Verlauf der freien Strahlen Gesagte bewiesen.

Dass die Ausströmung aus einem unbegrenzten Becken in den Canal erfolgt, ergiebt sich daraus, dass die Punkte der xy-Ebene, die dem abzubildenden Streifen der $\varphi\psi$-Ebene entsprechen, die ganze xy-Ebene erfüllen mit Ausnahme der Flächen, die zwischen den Grenzen des Canals ($\psi = \pm 2A\pi$) und den freien Theilen des Strahls liegen. Für diese Flächen existirt also kein φ, d. h. in ihnen findet keine Strömung statt.

Die Geschwindigkeit längs der Trennungsfläche ergiebt sich folgendermaassen. Für diese Fläche gelten die Gleichungen (3 b) und (3 c) S. 47, daher ist an derselben:

$$\left(\frac{dx}{d\varphi}\right)^2 + \left(\frac{dy}{d\varphi}\right)^2 = A^2,$$

also

$$\left(\frac{d\varphi}{dx}\right)^2 + \left(\frac{d\varphi}{dy}\right)^2 = \frac{1}{A^2}.$$

52) *Zu S. 49*. Die von *Clausius* in seiner Arbeit: »Ueber die Anordnung der Electricität auf einer einzelnen sehr dünnen Platte und auf den beiden Belegungen einer *Franklin*'schen Tafel« abgeleiteten Resultate sind einfacher von *G. Kirchhoff* begründet (»Zur Theorie des Condensators«, Monatsber. der Berl. Akad. 1877). *Kirchhoff*, der sich ausdrücklich auf die vorliegende *Helmholtz*'sche Arbeit stützt, berücksichtigt auch die Dicke der Condensatorplatte.

Die Gleichung (4) lässt sich in ähnlicher Weise deuten, wie oben die Gleichungen (3a).

Halle a. S., Mai 1896.   A. Wangerin.

Inhaltsverzeichniss.

		Seite
I.	Ueber Integrale der hydrodynamischen Gleichungen, welche den Wirbelbewegungen entsprechen. Von *H. Helmholtz*	3—37
	Einleitung	3—6
	§ 1. Definition der Rotation	6—12
	§ 2. Constanz der Wirbelbewegung	12—16
	§ 3. Integration nach dem Raume	16—23
	§ 4. Wirbelflächen und Energie der Wirbelfäden	23—27
	§ 5. Geradlinige parallele Wirbelfäden	27—30
	§ 6. Kreisförmige Wirbelfäden	30—37
II.	Ueber discontinuirliche Flüssigkeitsbewegungen. Von *H. Helmholtz*	38—48
	Zusatz, elektrische Vertheilung betreffend	49
	Anmerkungen des Herausgebers	50—79
	Notizen über *Helmholtz'* Leben und Werke	50—52
	Allgemeine Bemerkungen über die in diesem Bande abgedruckten Abhandlungen	52—55
	Specielle Noten und Erläuterungen zum Text	55—79
	I. Wirbelbewegungen	55—72
	II. Discontinuirliche Flüssigkeitsbewegungen	72—79